設計技術シリーズ

自動車パワートレインの制御技術

－ 動力源、電動化と自動運転への応用も －

［著］

大阪産業大学

栂井 一英

科学情報出版株式会社

はじめに

　パワートレインはガソリンエンジンなどの内燃機関や電気モータのような原動機と発進装置、トランスミッションやディファレンシャル歯車のような動力伝達機構から構成される。

　このパワートレインの使命は要求された駆動力を滞りなく安全に供給することである。パワートレイン制御は快適性や効率を犠牲にすることなくこの使命を実現しなければならない。

　原動機においては安全で、連続的安定的にパワーを発生させるための制御が第一であり、次に運転者に要求されたパワーを出すための出力制御である。発進装置と動力伝達機構においては原動機と車両の間のパワーマッチング（特に速度の違いを損失最小条件で合わせる）が必要である。最低限の要請としては、機械的に損傷しない（繰り返しでも耐久性を大幅に劣化させない）、振動騒音においても乗員に不快感を与えないことである。排ガス性能や安全性は法規制を満たさなければ販売できない。さらに環境問題に対応あるいは環境負荷が最小にすることも要請される。

　比較的軽量であっても質量が1000kgを超える車両が時速200km（55.6m/s）近くでパワートレインにより動かされる。制御の誤りや不安定性は人身事故につながる。適切なモデルを用いて制御アルゴリズムを設計し、それを制御装置のプログラムに展開しなければならない。そこで、制御用モデルを利用する前に、パワートレインの物理的挙動を理解する必要があると考える。そうすれば燃料電池自動車とシリーズハイブリッド電気自動車が同じ駆動機構を持ち、燃料電池と内燃機関＋発電

機を入れ替えただけであることが理解できる。またシリーズ - パラレル
ハイブリッド電気自動車のガソリンエンジンと電気モータの動力分配の
制御が理解しやすくなる。つまり物理的な動的挙動を数式で表される定
性的理論として理解するとともに力、速度や時間を定量的につかんでも
らうことが必要であり、制御は制御対象の低次元のダイナミクス（精度
を損なわないで）を元に構成すべきである。

　本書ではこの方針で説明を進める。第 1 章では原動機におけるエネル
ギー変換を物理的な変換過程と定量的な物理量で説明する。そして駆動
方式と原動機の関係を歴史的な進展を含めて示す。第 2 章では原動機と
して内燃機関を取り上げ、内燃機関を正常に運転する基本としての燃料
計量、着火制御をまず述べ、出力トルク制御と排ガス処理のための制御
を述べる。第 3 章では電動機（モータ）による駆動を説明する。電気
モータの発生力を磁界と電流の関係から定義し、パワーの連続変換のた
めに電流方向を変えること、モータの動作として永久磁石直流モータを
例にとり説明する。この方式では磁界が一定のためモータ発生トルクは
回路電流に比例する。電流制御として広く使われている PWM 方式を
説明する。第 4 章では原動機からタイヤまでの動力伝達機構、主には発
進装置と変速機を取り上げる。停止時にトルク発生が不可能な内燃機関
ではトルクコンバータなどの発進装置が必要であり、タイヤの速度に比
べ高速運転をする原動機では効率的な運転のため減速機や変速機が必要
であることを解説する。特に CVT や DCT においては制御がないと機
能しないので、これらの油圧制御の方法を説明する。駆動輪間の動力分
配装置については原動機が 1 台である場合最低限差動歯車機構が必要で
あり、また機械式 LSD や電子制御による動力分配により運動性能が向

上する。シリーズパラレル HEV では動力分配機構が不可欠である。第5章では排ガスと燃費規制を扱う。各国の燃費排ガス試験法と OBD 計測について説明する。燃費排ガス規制とそれに対応するエネルギー管理問題を取り上げる。燃費（CO_2 排出量）は法定の試験サイクルで計測されるがそのサイクルごとに単位距離あたりの負荷が異なることを定量的に示す。内燃機関では高トルク運転が効率よく、逆に電気モータでは高トルク（高電流）で効率が低下する。これらの原動機をエネルギー蓄積要素である電池を使って最適に運転する。第6章では自動車全体を制御（運転）する人間と制御されたシステムである自動車の関わりを動的な HMI（Human Machine Interface）問題として扱う。そして高度な運転支援や自動運転の基盤となるパワートレインの駆動力制御を説明する。駆動力と制動力および操舵をそれぞれに対する制御装置で目標値追従制御ができることが運転支援や自動化の基盤技術である。人間の運転操作と車両を操作するアクチュエータが機械的につながっていない X-by-Wire システムによる駆動力制御である。また快適性の観点から、運転者を含めた制御システムの扱いと、自動車パワートレインに起因する振動騒音問題を取り上げる。特に発生源の特性とアクティブ制御を説明する。第7章ではパワートレインモデルによる解析と評価について述べる。制御は定性的に現象をとらえ、定量的に挙動を評価する必要がある。そのために制御対象のモデリングと数値実験（数値シミュレーション）を行う。モデリングについて規模と精度&計算時間を検討する。最終である第8章では Apprndix としてモデルに基づいた解析に必要な線形微分方程式の解法、ラプラス変換とブロック線図、数値解析と数式処理ソフトウェアの導入編を解説している。

　著者は自動車会社で原動機と動力伝達機構の研究開発に 27 年間携わってきた。続いて大学で内燃機関や動力伝達について教えている。その経験から、パワートレインの制御の一部を手がけるにしても、原動機で数十 kW のパワーが発生しそれがタイヤに伝達されて車両が運動することを理解しておくことが必要と考えている。そのため制御方法だけでなくエネルギー変換と伝達過程や運転者の挙動についても記述している。さらに定性的な理解だけでなく、制御を考える上で定量的な理解が必要であるため、第 7 章にパワートレインモデルによる解析を取り上げている。第 8 章では数値解析だけでなく数式モデルを解くための数式処理システムの扱い方を説明している。

目　　次

第3章　電動機

第4章　動力伝達機構

第7章　パワートレインモデルによる解析と評価

第 8 章　Appendix

第1章

自動車パワートレイン

パワートレインでは数十キロワットのパワーを発生しそれを直接車両を動かすタイヤへ伝達している。物理的な視点からエネルギー変換と必要なパワーおよび制御する量を定量的に示すとともに、それらが歴史的にどのように変わったかを述べる。

1-1　自動車とパワートレインの運転範囲

　1986年にBenzが特許を取得した自動車は原動機出力が0.55kWで、最高速度が約18km/hであったと言われている。この出力は現在の家庭用電気製品のそれと同程度であり、最高速度は人が走る程度であった。現在の乗用車用原動機は単位排気量当たりの出力で約70倍、最高速度は12倍以上となっている。本書では主に乗用車用のパワートレイン制御を扱い、次のような車両の動力性能、原動機と運転速度を想定している。

指標	指標	物理量の範囲
駆動力	車両質量	1000 - 2500kg
	車両加速度	0 – 4.0 m/s² (0 から 100km/h を 10 秒)
	登坂勾配	30%
パワー	車両速度	0 - 200 km/h (55.6m/s)
	内燃機関の速度	600 – 6000 rpm (62.8-628rad/s)
	電気モータ速度	0 - 12000rpm (0-1256rad/s)
エネルギー	走行距離 (1 回のエネルギー供給あたり)	200 - 1200km

〔表1-1〕乗用車パワートレインの運転範囲

1-2　必要駆動力

　自動車を動かすための必要パワーを数式で表す。そのパワーに対して動力伝達効率とエネルギー変換効率を考慮したものが必要な燃料や電力の供給量である。

　車両質量を M[kg]、路面勾配角度を θ[rad]、タイヤ摩擦係数を μ、前方投影面積を A[m²]、空気抵抗係数を C_d、空気密度 ρ[kg/m³]、車両速度を v[m/s] とすると、車両の走行抵抗 D_f[N] と駆動力 F_d[N] は次の式で表される。[1][2]

$$D_f = Mg\sin\theta + Mg\mu + 0.5\rho A C_d v^2$$

$$F_d = M\dot{v} + D_f \qquad \cdots\cdots\cdots\cdots\cdots\cdots\cdots\cdots (1.1)$$

　この中で、転がり抵抗は抗力 Mg に転がり抵抗係数 μ をかけた形で摩擦と同じ形である。また空気抵抗はある質量の空気を v[m/s] まで加速する仕事から求められる。ここで ρ ACd は加速される空気質量である。

$$\frac{1}{2}\rho A C_d v^2 \qquad \cdots\cdots\cdots\cdots\cdots\cdots\cdots\cdots\cdots\cdots\cdots (1.2)$$

　必要な駆動パワー P_d[W] は走行抵抗と速度の積であるので次の形となる。

$$P_d = D_f v^2 \qquad \cdots\cdots\cdots\cdots\cdots\cdots\cdots\cdots\cdots\cdots\cdots (1.3)$$

　走行抵抗、駆動パワーの一例として両質量 $M{=}1500$[kg]、タイヤ摩擦係数を $\mu{=}0.014$、前方投影面積 $A{=}2.56$[m²]、空気抵抗係数 $C_d{=}0.29$、空気密度 $\rho{=}1.2$[kg/m³] および $\theta{=}0$ の時は図 1-1 に示すように発進直後は約 200[N]、時速 100 km の時に 550[N] である（1-1）。

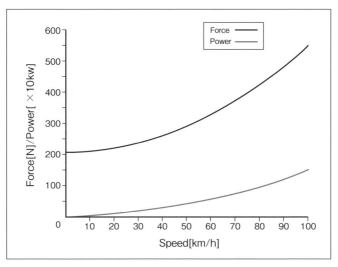

〔図1-1〕走行抵抗と必要パワーの例

　この走行抵抗の力の実測は惰行走行 (Coasting) で行う、つまりエンジンを切り離した状態で停止するまで刻々の速度を計測する。そしてその実測値から、減速度（つまり走行抵抗）と速度の関係が求められ、そこから転がり抵抗係数と速度の2乗の係数が回帰できる。

　駆動力を供給する側から見れば原動機のトルクを駆動力に変換する式が必要であり、また回転運動と直進運動を運動方程式が記述するために慣性モーメントが必要となる。

　タイヤ半径を R_t 、総減速比 r_g 、原動機速度を ω[rad/s]、車両速度をv[m/s] とする。

　原動機トルクを T[Nm]、車両の駆動力を F[N] とするとこれは両方のパワーが同じである事から

$$T\omega = Fv$$

$$F = \frac{Tr_g}{R_t} \quad \cdots\cdots\cdots\cdots\cdots\cdots\cdots\cdots\cdots\cdots\cdots\cdots\cdots\cdots\cdots\cdots\cdots \quad (1.4)$$

　原動機速度と車両速度の変換ができる。また慣性モーメントについては、車両質量を M、原動機側から見た車両の慣性モーメントを I とすると、運動エネルギーが直線運動でも回転運動でも同じことから、次のようになる。これらから原動機と車両の運動が記述できる。

$$\frac{1}{2}I\omega^2 = \frac{1}{2}Mv^2, \quad v = \frac{\omega}{r_g}R_t \quad より$$

$$I = M\left(\frac{R_t}{r_g}\right)^2 \quad \cdots\cdots\cdots\cdots\cdots\cdots\cdots\cdots\cdots\cdots\cdots\cdots\cdots\cdots \quad (1.5)$$

　前述の車両の駆動力とパワーから原動機のそれらへの対応には伝達効率を考慮する必要がある。

　歯車による動力伝達の効率は噛み合い1段あたり99%であるので当面は考慮しない。

　電気モータの効率は電源制御も含めて約90%、内燃機関は燃費最良点の近傍領域で約30%としておくと、高精度モデルを用いたシミュレーションの前に簡易計算で見通しをつけることができる。また繰り返し最適化で解を求める場合にもこうした数値は役に立つ。

1－3　エネルギー変換

1－3－1　熱エネルギーから機械仕事への変換

　エネルギは機械仕事をする元となるもので、潜在力ではあってもそれ自体は存在しているだけでは何ら仕事はしない。機械仕事は物体に力を作用させ、ある距離を動かすことである。つまり力と距離の積である。燃料は熱エネルギを持ち、燃焼(酸素と反応)すると発熱する。熱自体は仕事をしない、金属を高温にしてもそれだけである。気体を熱すると膨張し、閉じた容器中の気体を加熱すると圧力が発生する。その力で物体を動かして初めて仕事となる。熱機関の原理である。初期には水蒸気が作動気体として使われた。実用的な蒸気機関の最初は鉱山排水の揚水に使われたホイヘンスのものである。これはシリンダに入った高温水蒸気が冷却された時、シリンダ内が大気圧以下になり、大気圧により押されて仕事となる。大気圧との差は1気圧以下であるので、現代のガソリンエンジンの最大出力時の平均有効圧10気圧と比べると容積あたりの1サイクル仕事は1/10以下となる。

　仕事自体には時間概念がなく、物体を1時間で10m引き上げても10秒で10m引き上げても同じ仕事量である。現実にはその仕事をどれくらい早く完了するかが重要であるので、パワーで評価することが必要になる。

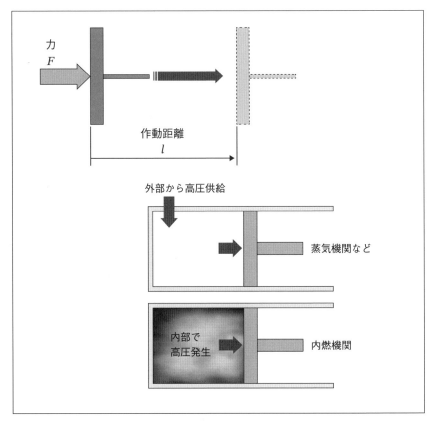

〔図1-2〕熱エネルギから仕事への変換機構

　機械仕事は力×距離で定義される。

　作動ガスを密閉容器に入れ、出力を取り出せるようにするとその形態
はシリンダになる。高圧ガスでピストンを動かさなければならない。作
動高圧ガスを外部から供給すると蒸気機関のような形になり、シリンダ
内で燃焼させると内燃機関となる。また外部熱源でシリンダ外側から加
熱するとスターリング機関となる。

ピストンの往復運動は行きと帰りで移動距離が0であるので、連続パワー変換ができない。そのためクランク機構による一方向回転運動への変換が必要となる。

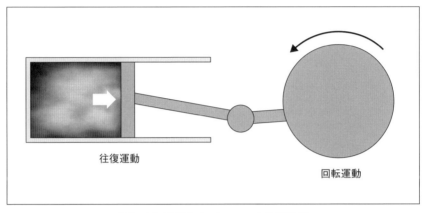

〔図1-3〕連続したパワーへの変換機構

機械仕事への変換効率

　活発な成人では1日に必要な熱量は2800kcalと言われており、それは11.8MJに相当する（だいたいガソリン1/3Lまたは1/4kg相当）、これで人は徒歩で一日40km, 自転車で200kmほど移動できる。自転車と自動車が同じような走行抵抗を持つとすれば質量が1/20なので10N程度であり、$10[N] \times 200 \times 10^3[m]$は2MJとなる。自動車で200Nの走行抵抗がありその負荷で一定速度で7km走行すると$200 \times 7 \times 10^3[m]$は1.4MJである。

　総合エネルギー統計(資源エネルギー庁)によるとガソリン1.0Lの発熱量は33.36MJ/Lである。ガソリンの密度は0.72から0.76である。ガソリンの密度を0.75とすると単位質量あたりの発熱量は43.89MJ/kgとなる。

	質量密度 [MJ/kg]	体積密度 [MJ/L]
ガソリン	43.9	33.6
エタノール	26.8	21.2
食用油	38.0	35.9
Li-ion 電池	0.90	2.52
鉛電池	0.18	0.36
単三充電池	0.36	1.46

〔表1-2〕燃料と電池のエネルギ密度 [1][2][3]

※ TSC Foresisht No5 の最高値より

　排気量 1.0L のエンジン（内燃機関）では、1 サイクルあたり最大 1.0L（$1.0 \times 10^{-3} \mathrm{m}^3$）の空気を吸入でき、1.0L の空気の質量は常温で 1.2g である。それを理論空燃比で燃やすことのできる燃料（ガソリン）は 0.0811g（空気質量の 1/14.8 [1][2]）である。燃料質量 m_f は空気質量 m_a と空燃比 r_{af} より求められる。

$$m_f = \frac{m_a}{r_{af}} \quad\cdots\cdots (1.6)$$

　この質量 0.0811g の燃料は約 3.40kJ の熱エネルギー（発熱 41.9MJ/kg とした [1][2]）をもち、エネルギー変換効率が 30% とすれば機械仕事は約 1.02kJ である。このサイクルが 1 秒間に 50 回あれば（4 サイクルでは速度 6000rpm に相当）約 50kW（51.0kW）の出力となる。この時のトルクは約 80Nm（81.2Nm）である。

1-3-2　電気エネルギーから機械仕事への変換

　電気エネルギは電流と電圧の積に時間をかけたものである。蓄電池では、決まった電圧の元で供給できる電流×時間である。例えば、コンデ

ンサに蓄積されるエネルギは

$$E = \frac{1}{2} CV^2 \quad {}^{[1][2]} \quad \cdots\cdots\cdots\cdots\cdots\cdots\cdots\cdots\cdots\cdots\cdots\cdots\cdots \quad (1.7)$$

である。電気回路でのエネルギは抵抗でのみ消費され、そのパワーは

$$P = I^2 R \quad \cdots\cdots\cdots\cdots\cdots\cdots\cdots\cdots\cdots\cdots\cdots\cdots\cdots \quad (1.8)$$

である。

　機械仕事には力が必要である。電気の力は電磁力として発生する。電流が流れている２本の導線の間に発生する力は電流の定義に使われている。自由空間で並行な２本の導体にそれぞれ I_1、I_2 の電流が流れ、導体の距離が a、長さが l の時，導体間に働く力 F は磁界定数（絶対誘電率）$\mu_0 \approx 1.257 \cdot 10^{-6} H/m$ を用いて

$$F = \frac{\mu_0 I_1 I_2 l}{2\pi a} \quad \cdots\cdots\cdots\cdots\cdots\cdots\cdots\cdots\cdots\cdots\cdots\cdots\cdots \quad (1.9)$$

である [1][2]。この式より、力の向きが逆になり反対方向に動く。自由空間で電流の単位 A は次のように定義されている。

　空中で距離 1m 隔てて置かれた２本の無限に長く細い平行直線導線に、強さが等しい定常電流が流れていて、それぞれの導線の 1 m あたりにはたらく力の大きさが F = 2×10^{-7} N であるとき，導線を流れる電流の強さを 1A と定義する。電流により磁場が発生し、磁場から電流が力を受けている。この力の向きは２つの電流が同じ向きに流れるときは互いに引き合い、逆向きに流れるときは互いに反発する。機械仕事をするためには力の発生だけでなく、力を受ける導体が動くことが必要であ

る。これを機構として実現したのが電動機（電気モータ）である。磁界中に導体を置くと力が発生して動く、その限りでは仕事をしている。それが元の位置に戻ると距離が負になり、相殺されて仕事はなくなる。連続してパワーが発生するためには同じ方向に動き続けることが必要である。内燃機関でピストンの往復運動をクランク機構で一方向の回転運動に変換したように、電動機においても一方向に回転を続けるには電流の方向を変更する。

　磁界が広く分布し、そこを電流が流れる導体が一方向に動き続ければ連続パワー発生ができるが、自動車に搭載できる小容積でパワーを発生しなければならない原動機にはこの構成は使えない。往復運動するようにある距離を移動したのちに導体を流れる電流の向きを逆に変えると、力の向きが逆になり反対方向に動く。これのみでは総合仕事は0である。内燃機関と同様に往復運動を回転運動に変換するため、回転中心のまわりに運動するように導体を拘束すると往復運動から連続パワー発生が実現できる。ただしこの構成のみでは発生するトルクに脈動が発生する。

　直流電動機の等価回路は図3-10のようになる。直流電源電圧を V、モータに流れる電流を I、電源の ＋ 側から接地までの抵抗を R とすると、モータの出力パワー P_m は

$$P_m = I(V - RI) \quad \cdots\cdots\cdots\cdots\cdots\cdots\cdots\cdots\cdots\cdots\cdots\cdots\cdots\cdots\cdots\cdots\cdots\cdots\cdots\cdots \quad (1.10)$$

抵抗 R が十分小さいと出力パワーは VI であり、効率は高い。取り出せる最大パワー P_{mmax} は R における電圧降下が電源電圧の半分の時である。この時効率は 0.5 である。

$$P_{m\,max} = \frac{V^2}{2R} \quad \text{\dotfill} \quad (1.11)$$

　この時損失は出力と同じであり電動機とはいえど内燃機関と同様な冷却機構が必要となる。

1－4　駆動方式あるいは原動機

1－4－1　原動機の変遷

動力が人力や家畜力から原動機へ移行し始めたのは約200年前である。

年度	交通機関と原動機	国名
1825 年	鉄道（蒸気機関）	英国
1882 年	発電所（蒸気機関）	英国
1885 年	自動車（内燃機関）	ドイツ
1903 年	飛行機（内燃機関）	アメリカ

〔表1-3〕原動機の導入年度

　実用的な自動車は1886年にBenzが発明したものが最初とされている。この車両は現在でも保存されており、ミュンヘンのDeutsches Museumで1号車、シュットトガルトのMercedes Benz博物館で2号車（図1-4）を見ることができる。自動車が発明され販売や利用は増大していったが、1900年頃ロンドンやベルリンのような大都会でも馬車の方が多かった。そしてその後、種々の原動機を持つ自動車が登場した。電気自動車はもちろんのこと、内燃機関程度の大きさの蒸気機関を搭載した乗用車もあり、実用に供用された。1900年頃米国で使われた蒸気自動車は462kgの車体質量で4.5kWの出力をもち、30km/hで走行できたが、燃料の他に高圧作動気体として水が必要で、水タンク満杯で45kmしか走行できなかった。これが内燃機関に劣る点であった。電気モータは構造が簡単であり、振動騒音問題がほとんどないため、内燃機関より容易に製造できたと思われる。それで1900年頃米国では電気

乗用車が普通であった。1908年モデルBaker電気自動車は48Vバッテリを搭載、1kW出力で20km/hの速度で走行できたが、一回の充電では50kmしか走行できなかった（図1-5　ドイツ交通博物館ミュンヘン所蔵）。蓄電池のエネルギー密度が液体燃料に比べはるかに低く、一充電で走行できる距離が短かったために、1908年にT型Fordの量産が始まって、内燃機関が米国で主流になった。Baker社は1916年に営業を終えた。

　電気供給が経路で保障されない自動車では電動化（BEV）が進まなかった。唯一残ったのは軌道が決まっている路線バスである。架設してある電線から電気をとることができる場合のみ、トロリーバスとして限定的に運行されてきた。しかし自由な軌道走行はできない。

〔図1-4〕The Benz Patent Motor Car(0.55 kW), 1886

〔図1-5〕Electric Vehicle Baker Electric, 1908

1-4-2　内燃機関による駆動

　内燃機関は燃料の供給と着火制御が制約となって初期には十分なパワーは発生することができなかった。Benzの最初の自動車の原動機は出力0.55kW（排気量0.9L）であり、家庭用の電気機器でもエアコンなどこれより大きな出力を持つものは多い。130年余りの何かの歴史において徐々に高トルク化と高速化されており、特に高速化が著しく、単位排気量あたりのパワーは約70倍となっている。

エンジンの外観を図1-6、出力比較を表1-4に示す。

〔図1-6〕初期の内燃機関と現代の内燃機関の外観の違い

	1886Benz Patent-Motorwagen	2015 Toyota Prius
排気量（L）	0.945	1.797
出力（kW）	0.55	72.0
出力（kW/L）	0.58	40.1（69倍）
トルク（Nm）	13.1/400rpm	132.0/5200rpm
トルク（Nm/L）	13.8	73.5（5.3倍）

〔表1-4〕エンジン出力の変遷

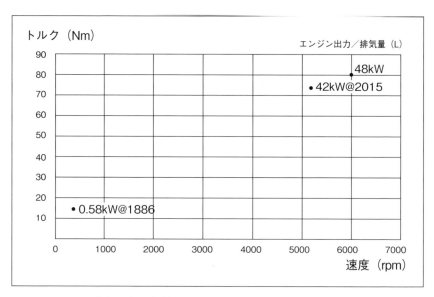

〔図1-7〕内燃機関の単位排気量あたり出力の変遷

　自動車の運転は停止から加速定常走行そして減速停止であるそのため原動機には部分負荷と大負荷の繰り返し運転となる。原動機が内燃機関のみであれば加減速が繰り返される実走行状態で機械パワーを常時高い効率で取り出すことはできない。

１－４－３　内燃機関駆動から電気駆動へ

　20世紀初頭の電気自動車が利用されたが、走行距離の制約から短い期間で市場から姿を消した。走行軌道が固定されている鉄道車両は架線から電力を受け取ることができるため、電化は進んだ。自動車においても走行経路が固定されている路線バスでは、架線から電力供給を受ける

ことができ、さらに電池を併用すれば架線と走行経路が完全に一致しなくても電動で走行できる。ヨーロッパではトロリーバスが使われている都市が少なくない。

〔図1-8〕 トロリー路線バス（Salzburg）

　高負荷で効率が高くなる内燃機関で発電し電気エネルギーを蓄積し、それを用いて低トルク運転を電動機で行えば効率向上となる。エネルギー生成と利用の分離あるいはエネルギー生成と利用の時間と空間の分離である。架線から電気を供給されるのでなく、発電所と蓄積要素を自動車に搭載するもので、燃料電池車 FCV も同じである。公道を走る自

動車に内燃機関が搭載されると、排気ガス規制に適合することが必要である。

　ハイブリッド電気自動車（Hybrid Electric Vehicle, HEV）はマイクロ（/マイルド, Micro/Mild）HEV、パラレル（Parallel）HEV、シリーズ（Series）HEV（Range Extender, 燃料電池車 FCV を含む）の形態があり BEV（Battery Electric Vehicle, 外部から電気を充電する）は外部充電のみの BEV と、内燃機関による発電機付きの PHEV の形態がある。

1－4－4　電動車両のエネルギー供給と変換形態

　マイクロ HEV はまずスタータの替わりにモータ・ジェネレータをエンジンと同軸につけ（エンジンと同軸に配置せずベルトでモータを駆動する方式もある）、エンジン始動ができると同時に減速時に回生発電をして、電力を蓄えるものである。モータ容量を上げ発進から低速までモータで走行できるものもある。パラレル HEV は電気モータと内燃機関の両方からタイヤが駆動できるものである。シリーズ HEV では内燃機関は発電専用で車輪の駆動はできないが、車両から切り離されて、任意の速度と負荷で運転できるため、燃費最良点で運転できる。シリーズ・パラレル HEV では内燃機関は発電用にもタイヤ駆動用にも用いられる。プラグイン HEV（PHEV）は内燃機関による発電だけでなく、蓄電池に外部から給電できるもので、燃料供給口と電気供給口がある。Range Extender と FCV はそれぞれ内燃機関と水素による発電装置を持ち、いずれもタイヤを駆動できるものではないのでシリーズ HEV に含まれる。BEV は蓄電池と電気モータ（発電機）を持ち、電気エネルギーは外部

から供給する必要がある。シリーズ・パラレル方式の PHEV は BEV+
シリーズ・パラレル方式の HEV である。

　　また燃料電池車 FCV (Fuel Cell Vehicle) はシリーズ HEV のエンジン
+ 発電機の部分を FC に置き換えたものと考えていい。

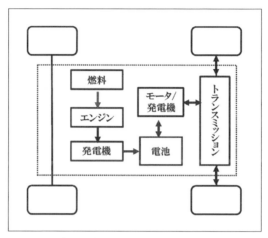

〔図1-9〕シリーズ HEV の構成

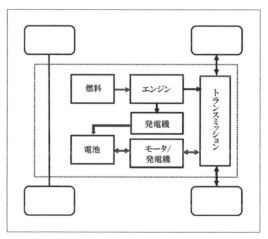

〔図1-10〕シリーズ・パラレル HEV の構成 [4]

第 ② 章

内燃機関

2－1　燃料から機械仕事へのエネルギー変換

2－1－1　サイクルの仕事

　1 燃焼サイクルで m_f[kg] の燃料 (エネルギー) が供給されて熱が発生する。それが効率 η で機械出力に変換されるとする。発熱量を Q_f[J/kg] とすると

1 サイクルあたりの機械仕事 W_c は

$$W_c = m_f Q_f \eta \quad \cdots\cdots\cdots\cdots\cdots\cdots\cdots\cdots\cdots\cdots\cdots\cdots\cdots\cdots\cdots\cdots\cdots\cdots\cdots\cdots \quad (2.1)$$

となる。

　現在のエンジンでは排気量 1.0L エンジンで空気を燃焼室に 1.0L 吸入すると対応する燃料質量は理論空燃比で運転されているとして

$$\frac{1.2}{14.8} 10^{-3}[kg] = 8.11 \times 10^{-5}[kg] \quad \text{であり}$$

燃料の発熱量 44.4MJ/kg として発熱量は約 3.4kJ、効率 30% とすると発生する機械仕事は約 1.0kJ となる。

　内燃機関の燃焼は 1 サイクルで 1 行程のみであり、出力は離散的である。ディーゼルエンジンではスモークが発生しない燃焼にはガソリンエンジンの 1.3 倍の空気量が必要であるので、排気量 1.0L あたりの燃料供給はガソリンエンジンより少ない。しかしディーゼルエンジンでは過給されるのが普通であり、2 気圧まで過給されると 2 倍の空気質量が吸気でき、結果的に 2 倍の燃料を 1 サイクルで燃焼させることができる。しかしスモーク限界を考えると 2 気圧まで過給すると最大出力トルクはガソリンの自然吸気エンジンに対して 2.0/1.3=1.54 倍である。

２－１－２　トルク、パワーと内燃機関の性能指標

　1 サイクル間の仕事とトルクは同じ次元の量 [Nm] である。ただし係数は 1/4 π である。

　4 ストローク / サイクルエンジンで W_c[J]/ サイクルの仕事をする時、エンジンが ω[rad/s] で運転されていたとする。発生トルクを T[Nm] とするとパワーの定義から

$$W_c \frac{\omega}{2\pi} \frac{1}{2} = T\omega \qquad \cdots\cdots\cdots\cdots\cdots\cdots\cdots\cdots\cdots\cdots\cdots\cdots\cdots\cdots \quad (2.2)$$

これよりトルクは

$$T = \frac{W_c}{4\pi} \qquad \cdots\cdots\cdots\cdots\cdots\cdots\cdots\cdots\cdots\cdots\cdots\cdots\cdots\cdots \quad (2.3)$$

となり、1.0kJ の仕事に約 80[Nm] のトルクが対応する。

　正味平均有効圧 P_m [Pa]、排気量 V[m³](断面積 A, 行程 L) との関係を述べる。

仕事 W_c は

$$W_c = P_m A L = P_m V \qquad \cdots\cdots\cdots\cdots\cdots\cdots\cdots\cdots\cdots\cdots\cdots\cdots \quad (2.4)$$

である。よってこの時のトルクは

$$T = \frac{P_m V}{4\pi} \qquad \cdots\cdots\cdots\cdots\cdots\cdots\cdots\cdots\cdots\cdots\cdots\cdots\cdots \quad (2.5)$$

となる。エンジン出力（トルク）は排気量によらない量である平均圧力 P_m を指標とされることが多い。(2.5) 式において排気量が 1.0L$(10^{-3}$m³$)$ であれば P_m は W_c の 10^3 倍となる。排気量 1.0L あたりの機械仕事を約

1.0kJ とし、1000rpm を 100rad/s と近似（誤差は約 4%）すれば、全開運転時の出力（トルク、パワー）が暗算で答えられる。これら数値の定量的な関係を表 2-1 に示す。

発熱量	機械仕事	平均有効圧	トルク	パワー /1000rpm
3.4kJ	1.0kJ	1.0MPa（10bar）	80[Nm]	8.0kW
41.9MJ/kg の 燃料発熱量	効率 30% とする		近似値	1000rpm を 約100rad/s と近似

〔表2-1〕排気量 1.0L あたりの内燃機関の性能指標

2－2　燃料室内の１サイクル間の温度圧力変化と熱効率

　公道を走行する自動車では排ガス規制対応のためにほとんどが４スト
ローク／サイクルエンジンを搭載している。４ストローク（４行程）は
吸気行程、圧縮行程、膨張行程と排気行程であり、これが内燃機関の１
サイクルである。ピストンは燃焼室内を燃焼室容積が最大となる下死点
（BDC：Bottom Dead Center）と燃焼室容積が最小となる上死点（TDC：
Top Dead Center）の間を往復する。TDC は圧縮終了位置と膨張開始
位置であり、BDC は圧縮開始位置（通常、吸気弁遅閉でない時）と膨
張終了位置である。

　燃焼室内では圧縮と燃焼によるによる著しい温度と圧力上昇があり、
これらの高い圧力と温度は膨張により低下する。１サイクルの典型的な
圧力波形を図 2-1 に示す。

　横軸はクランク角度、縦軸は燃焼室内の圧力である。またこの波形は
確率的に変動し、ガソリンエンジンの方が変動幅が大きい。この波形は
燃焼開始時期により変動しそれは効率に影響する。

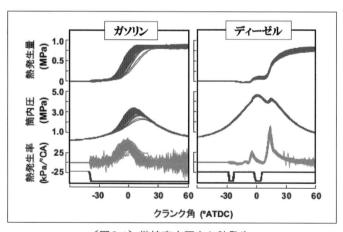

〔図2-1〕燃焼室内圧力と熱発生

2−2−1 熱サイクルの定義と数式表現

　ピストンが燃焼室下死点にあり、そこから上死点まで断熱圧縮、熱発生、そして下死点まで膨張することが内燃機関の動作である。熱は燃焼室外には出ていかない断熱状態で、オットーサイクル（Otto Cycle）では上死点で一瞬に熱発生が起こる、ディーゼルサイクル（Diesel Cycle）では上死点から一定圧力がある容積の間持続すると仮定している。ガスの温度と圧力は次の通り定義される。

　空気の比熱比を κ とし、圧縮比を ε とし、空気質量を m_a とする。下死点での初期圧力温度を P_1、T_1、圧縮上死点でのガス圧力温度を P_2、T_2、発熱量を Q とする。

断熱圧縮

$$T_2 = T_1\varepsilon^{\kappa-1}$$
$$P_2 = P_1\varepsilon^{\kappa}$$

$\cdots\cdots\cdots\cdots\cdots\cdots\cdots\cdots\cdots\cdots\cdots\cdots\cdots\cdots$ (2.6)

発熱にともなう温度上昇

質量 m の物体（個体）に熱量 Q を与えたときの温度上昇は初期温度 T_i、加熱後の温度 T_o、物体の比熱を C とすると

$$T_o - T_i = \frac{Q}{Cm}$$

オットー（Otto, 容積一定＝定容発熱）

圧縮上死点で発熱するものとする。発熱量を Q_v とすると圧力と温度上昇は次の通り

$$T_3 = T_2 + \frac{Q_v}{m_a c_v}$$

$$P_3 = P_2 + \frac{T_3}{T_2} \quad \cdots\cdots\cdots\cdots\cdots\cdots\cdots\cdots\cdots\cdots\cdots\cdots\cdots\cdots\cdots (2.7)$$

次の計算のために $T_4 = T_3, P_4 = P_3$ としておく。

この時の圧力 P_3 は $PV = GRT$ より $P_3 = \frac{T_2}{T_1} P_2$

ディーゼル（Diesel、圧力一定＝定圧発熱）

圧縮上死点から圧力一定で発熱するものとする。発熱量を Q_p とすると圧力と温度上昇は次の通り

$$P_3 = P_2$$

$$T_3 = T_2 + \frac{Q_p}{m_a c_v}$$

$$V_2' = \frac{T_3}{T_2} V_2, \rho = \frac{V_2'}{V_2} = \frac{T_3}{T_2} \quad \cdots\cdots\cdots\cdots\cdots\cdots\cdots\cdots\cdots (2.8)$$

この時圧力は一定なので、体積 V_2' は $PV = GRT$ より $V_2' = \frac{T_2}{T_1} V_2$

膨張完了 (圧縮の逆過程)

・オットー

$$P_5 = P_4 \left(\frac{1}{\varepsilon}\right)^\kappa = P_4 \varepsilon^{-\kappa}, T_5 = T_4 \left(\frac{1}{\varepsilon}\right)^{\kappa-1} = T_4 \varepsilon^{(\kappa-1)}$$

$$Q_2 = m_a c_v (T_5 - T_1) \quad \cdots\cdots\cdots\cdots\cdots\cdots\cdots\cdots\cdots (2.9)$$

・ディーゼル

$$P_4 = P_3 \left(\frac{V'_2}{V_1}\right)^{\kappa} = P_3 \left(\frac{V'_2}{V_2}\frac{V_2}{V_1}\right)^{\kappa} = P_3 \left(\frac{\rho}{\varepsilon}\right)^{\kappa}$$

$$T_4 = T_3 \left(\frac{\rho}{\varepsilon}\right)^{\kappa-1}$$

$$Q_2 = (T_4 - T_1)\, m_a c_v \quad \cdots\cdots\cdots\cdots\cdots\cdots\cdots\cdots\cdots\cdots\cdots \quad (2.10)$$

ここで Q_o は BDC での熱放出量で、容積一定で瞬時に熱放出されるものとしている。これを用いて理論熱効率が定義される。

$$\eta_{th} = \frac{(Q_v - Q_o)}{Q_v} \quad \cdots\cdots\cdots\cdots\cdots\cdots\cdots\cdots\cdots\cdots\cdots \quad (2.11)$$

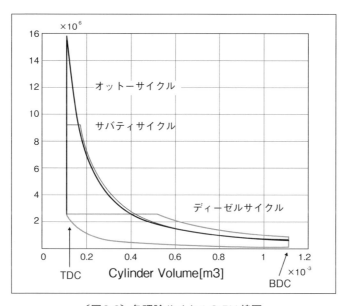

〔図2-2〕各理論サイクルの PV 線図

2－2－2　空気サイクルの理論熱効率

(1) オットーサイクル

圧縮 BDC での容積を V_1 とする、圧縮 TDC での容積を V_2 とする、
圧縮比を $\varepsilon = \dfrac{V_1}{V_2}$ とする。

効率は　$\eta_{ott} = \dfrac{Q_i - Q_o}{Q_i} = \dfrac{Q_i - \varepsilon^{1-\kappa} Q_i}{Q_i} = 1 - \dfrac{1}{\varepsilon^{\kappa-1}}$　　$\cdots\cdots\cdots\cdots\cdots\cdots$ (2.12)

(2) ディーゼルサイクル

受熱が終わる容積を V_3 として受熱開始時（TDC）容積を V_2 とする。
容積比 ρ（締め切り比：cutoff ratio）は　$\rho = \dfrac{V_3}{V_2}$

効率は　$\eta_{die} = 1 - \dfrac{1}{\varepsilon^{\kappa-1}} \dfrac{\rho-1}{\kappa(\rho-1)}$　　$\cdots\cdots\cdots\cdots\cdots\cdots$ (2.13)

空気の場合定容比熱 Cv=0.719[kJ/kg・K], 定圧比熱 Cp= 1.007[kJ/kg・K] である。

また比熱比 k は C_p/C_v であり 1.4 となる。

2－2－3　内燃機関出力の有効圧表現

(1) 平均有効圧 (Mean Effective Pressure)

仕事は力 F ×距離 L である。ピストンの断面積を A とし、ピストンにかかる圧力を P、ストロークを L とする。排気量（Displacement Volume）を Vc とする。1 行程の仕事 W は次の式である。

$$W = \int_0^L F dl = \int_0^L P A dl$$　　$\cdots\cdots\cdots\cdots\cdots\cdots\cdots\cdots\cdots$ (2.14)

平均圧力を P_m とすると

$$W = P_m A L = P_m V_d \quad \cdots\cdots\cdots\cdots\cdots\cdots\cdots\cdots\cdots\cdots\cdots\cdots\cdots\cdots\cdots \quad (2.15)$$

$$P_m = \frac{W}{V_d} \quad \cdots\cdots\cdots\cdots\cdots\cdots\cdots\cdots\cdots\cdots\cdots\cdots\cdots\cdots\cdots \quad (2.16)$$

　これは仕事が平均圧力により表され、排気量に比例することを示している。P_m は排気量に無関係な量であるため、エンジンの性能指標として用いられる。

　燃焼室圧力から求めた P_m を図示平均有効圧（Indicated Mean Effective Pressure）といい、P_{imep} と表す。

① 図示仕事 (Indicated work)

　P_{imep} から求めた仕事であり、ピストンの摩擦仕事を含む。

② 正味仕事 B

　エンジン出力軸の仕事である。ピストンの摩擦仕事を除いたもの。

　これに対応する平均圧力を Brake Mean Effective Pressure, P_{bmep} と表す。

　摩擦仕事に対して P_{fmep}, Friction Mean Effective Pressure という。

　P_{fmep}, は P_{bmep} の 10% 程度はあり高速になると増加する。

２－２－４　実際のエンジンサイクルと理論サイクルの違い

　横軸をピストン頂部からシリンダヘッドまでの燃焼室内の容積、縦軸を燃焼室内圧力とした P-V 線図（Pressure Volume Diagram, 図 2-3）では１サイクル中の仕事は、吸気行程、圧縮行程、膨張行程と排気行程

を圧力から求める必要があるが、ほぼ圧縮工程の圧力曲線と膨張行程の圧力曲線に囲まれた領域の面積としていい。なお、図2-4に示すように各行程で正の仕事は膨張行程、負の仕事は吸気行程（主に、過給領域除く）、圧縮行程と排気行程である。

(a) 空気の理論サイクル　　　**(b) 実エンジンサイクル（ガソリン）**

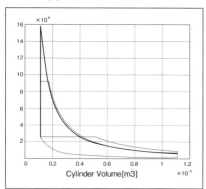
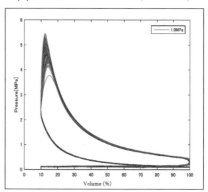

〔図2-3〕理論サイクルと実エンジンサイクル（PV線図）の比較

　図2-3（b）は連続する100サイクルの圧力を重ね書きしたもので、燃焼が確率的であることを示している。圧縮比10のオットーサイクルの熱効率は0.6であるが、同じ圧縮比のガソリンエンジンでは最大熱効率は0.36程度である。

　機械仕事は圧縮行程圧力と膨張行程圧力の間の面積である。空気理論サイクルと実エンジンサイクルの燃焼室内圧力を比較すると次のことが分かる。

　①圧縮行程の圧力は大きく違わない

　②空気サイクルではTDCで全ての熱が発生（受熱）しているが、

ガソリンエンジンでは最大圧力 (および温度) が低い、瞬時に発熱しない

この要因は

(2-1) 最大温度圧力が低い

・受熱するガスは空気・燃料の混合であり、比熱が大きい

・燃焼室壁面を通して熱が外部に放出される

・熱解離により燃焼温度が低下する

(2-2) 瞬時に発熱しない

・燃焼が TDC で瞬時に起きない（燃焼期間は 30° CA 程度必要）

である。これは膨張比が下がることと同じであり、効率が低下する。

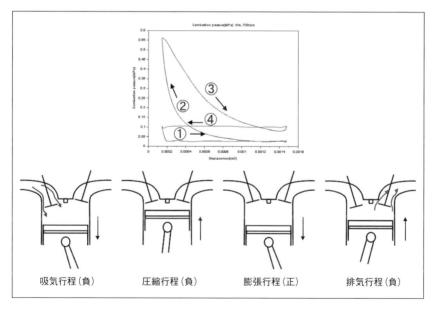

〔図2-4〕１サイクル中の仕事（自然吸気の場合）

2 − 3　燃料の計量と供給

2 − 3 − 1　理論空燃比

　燃焼による発熱は燃料の H と C が空気中の酸素と燃焼室内で反応する過程に起こる。ガソリン / ディーゼル燃料は各種の HC 化合物の混合であり、代表的な炭素と水素の原子組成比率は炭素 1 に対して水素 1.9 である。これに近い原子組成比率の物質は C_8H_{18}（オクタン、iso-Octane）である。このオクタンの酸化反応は次の化学式である。

$$C_8H_{18} + 25O_2 = 8CO_2 + 9H_2O \quad\cdots\cdots\cdots\cdots\cdots\cdots\cdots\cdots\cdots\cdots\cdots\cdots (2.17)$$

　供給燃料を完全に燃やし尽くすには燃料質量に対応する空気が必要である。その空気質量の時、理論空燃比となる。理論空燃比の計算例をAppendix8-5 に示す。この値はガソリンの場合 14.7（プレミアムガソリン）から 14.8（レギュラーガソリン）であるが、この値より空気が多少多くても（約 2 倍以下）燃焼は可能である。ディーゼルでは空気が多い方はいくらでもいいが、空気が少ない方は理論空燃比の 1.3 倍程度が下限である。これより空気が少ないとスモークが発生する。ディーゼルエンジンでは理論空燃比より薄い混合気で運転するので理論空燃比を 1.0とした空気過剰率（λ）を用いることが多く、燃料噴射圧力の増加によりこの λ の下限値はさらに低くなりつつある。

　ガソリンエンジンでは排気ガス処理のための三元触媒を有効にするために厳密に理論空燃比で運転する必要がある。最大トルクが要求される場合は出力を優先して理論空燃比より濃い混合気を供給することが多いが、この場合はこの最大トルクが排ガス試験サイクルに出現しないこと

が条件である。

再生可能エネルギーとして注目されているエタノールは化学式が C_2H_5OH であり、燃焼の化学反応式は

$$C_2H_5OH + 3O_2 = 2CO_2 + 3H_2O \quad \cdots\cdots\cdots\cdots\cdots\cdots\cdots\cdots\cdots\cdots\cdots \quad (2.18)$$

となって空燃比は約 9.0 である。

2−3−2 燃料の計量と微粒化
2−3−2−1 機械式の計量 − キャブレター

1980 年頃まで燃料の計量はキャブレターで行われていた。これは機械構造的に空気量と燃料量がほぼ一定の割合で混合されるものである。

キャブレターでは吸入燃料質量が吸気管に吸入されるベンチュリ部の前後の空気圧力差の平方根に比例する物理現象が利用されている。式 (2.19)〜(2.23) に空気と燃料の質量流量を示す。[1]

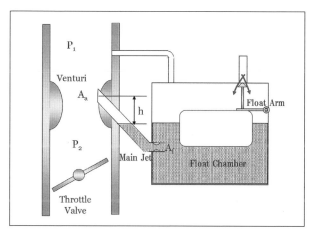

〔図2-5〕キャブレターの構成

ベンチュリー部を通過する空気質量は

$$Q_a = C_a A_a \sqrt{2\rho_a (P_1 - P_2)} \qquad \cdots\cdots\cdots\cdots\cdots\cdots\cdots\cdots (2.19)$$

ベンチュリー部で急流される燃料質量は

$$Q_f = C_f A_f \sqrt{2\rho_f (P_1 - P_2 - gh)} \qquad \cdots\cdots\cdots\cdots\cdots\cdots (2.20)$$

空燃比はこれらの燃料質量と空気質量の比率であるので

$$\frac{Q_a}{Q_f} = \frac{C_a A_a}{C_f A_f} \sqrt{\frac{\rho_a}{\rho_f}} \frac{\sqrt{P_1 - P_2}}{\sqrt{P_1 - P_2 - gh}} \qquad \cdots\cdots\cdots\cdots\cdots (2.21)$$

　それぞれの流量係数は設計パラメータであり、それぞれの密度は物性値であるためいったん機構が決まると運転条件の変化で変化しない。開口面積の比が一定であり、サイホン高さが0であれば空燃比は一定にできるが、ベンチュリー部前後の圧力差が小さいとサイホン高さの影響が大きくなる。

$$\frac{Q_a}{Q_f} = \frac{C_a A_a}{C_f A_f} \sqrt{\frac{\rho_a}{\rho_f}} \frac{\sqrt{P_1 - P_2}}{\sqrt{P_1 - P_2 - gh}} \qquad \cdots\cdots\cdots\cdots\cdots (2.22)$$

　空気質量流量はアクセルによる出力指示（スロットルによる空気量制限）に対応する。また燃料質量流量はそれにほぼ比例するが、負荷範囲全体で一定というわけではない。式（2.22）の分母を $P_1 - P_2$ で割ると式（2.23）のようになり $P_1 - P_2$ が小さい負荷が低い運転でリーン側（空燃比が大きくなる）にずれることが分かる。

しかしこの燃料計量特性では、三元触媒が要求している理論空燃比を全運転領域で満たすことはできない。そのために現在の排ガス規制を達成することができないので、公道を走行する自動車には使えなくなり、そのため新型自動車向けには使われなくなった。電子制御がなくてもこの機器のみで燃料計量が行えるので安価であり、カート用など排ガス規制が適用されないエンジンには利用されている。

$$\frac{Q_a}{Q_f} = \frac{C_a A_a}{C_f A_f} \sqrt{\frac{\rho_a}{\rho_f}} \frac{1}{\sqrt{1 - \frac{gh}{P_1 - P_2}}} \qquad \cdots\cdots\cdots\cdots\cdots\cdots\cdots\cdots\cdots\cdots\cdots \quad (2.23)$$

２－３－２－２　電子式計量システム － 燃料噴射

これを代替するのは燃料噴射システムである。空気質量流量を計測する空気量センサ、計測空気質量流量より燃料噴射量を演算するコンピュータ、噴射量を計量するインジェクタと排出ガスの酸素濃度を計測する酸素センサからなる。インジェクタから噴射される燃料質量はインジェクタ先端の弁が開いている時間にほぼ比例するため、この弁を開く時間が制御される。開く時間は計測された空気質量流量より計算される。図 2-6 にインジェクタの構造と噴射される燃料の微粒化の状態（噴霧の拡散）を示す。このインジェクタは直噴（GDI）用であり、噴射圧は高い。

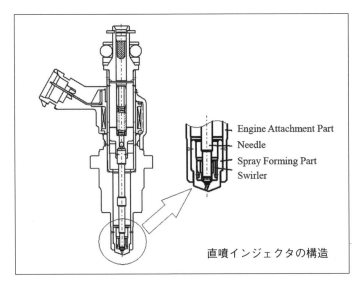

直噴インジェクタの構造

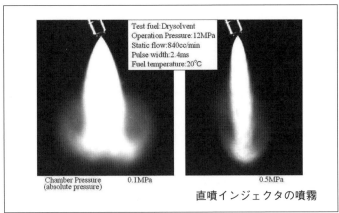

直噴インジェクタの噴霧

〔図2-6〕インジェクタの構造と噴霧

2－3－3　燃料の微粒化

　良好な燃焼のためには燃料計量と同時に液体燃料の微粒化が必要であり、キャブレターシステムではベンチュリ部を通過する高速の空気流に

燃料が吸入されることにより微粒化が進み、インジェクタシステムでは微細ノズルから高圧で燃料が噴射されることにより微粒化がなされる。微粒化は排ガス規制適合のためには必要であり、次のようにまとめることができる。

項目	キャブレター	インジェクタ
燃料の微粒化／気化	ベンチュリ部の負圧(大気圧より低い)で吸入された燃料が高速の空気流に乗って微粒化および気化する。	微細なインジェクタの噴口から高圧かつ高速で燃料を噴射する。噴射圧は3気圧以上。
燃料質量の計量	ベンチュリ部を通過する空気量はベンチュリ部前後の負圧の平方根に比例し、吸入される燃料量も同様である。そのため空燃比は機械的にほぼ一定となる。	燃料圧力は一定であるので、燃料量はインジェクタ噴口が開いている時間に比例する。

〔表2-2〕燃料計量と燃料の微粒化

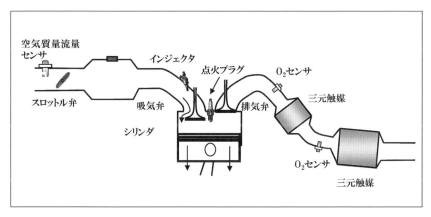

〔図2-7〕燃料噴射システムの構成

2−3−4　燃料噴射方式

　ガソリンエンジンのインジェクタシステムは吸気ポートに噴射（Port Injection, PI）するか燃焼室内に直接噴射（Gasoline Direct Injection, GDI）するかの両方式がある。併用もある。一時 DI はリーンバーンによる燃費改善の目的のため適用されたことがあるが、三元触媒が必須であるため現在は理論空燃比運転である。PI では噴射圧は 0.4MPa 以上、GDI は数 MPa 以上であり、ディーゼルの CDI（Common rail Direct Injection）と同様高圧化が進む。

　ガソリン DI では筒内噴射ができるのは最大でも吸気行程と圧縮行程のみであり、PI よりインジェクタ流量を増やすか、そうでなければ PI の併用が必要となる。

　代替燃料として広く用いられているのは CNG（Compressed Natural Gas）とエタノールである。どちらも火花点火である。前者はガス燃料をインジェクタで吸気ポートに供給する。後者は液体であり、ガソリンと同じインジェクタで吸気ポートに供給されるが、空燃比がガソリンの 14.7 に対して 9 であり、必要な燃料は約 1.5 倍となる。エタノール専用エンジンではエタノール 100%（E100）燃料のみを使用するので適切なインジェクタを選べばガソリンと類似の噴射時間である。エタノール混合ガソリンとガソリンを併用する場合 E10（エタノール 10% 含有）や E30 ではエタノール比率により噴射時間が異なる。エタノールはバイオマスから製造されると再生可能エネルギーである。エタノールは炭素と水素の比率が 3 であり、CNG の最大量成分であるメタン（CH_4）ではこの比率は 4 になりガソリンの約 2 に比べ、同一発熱量に対して CO_2 の発生量がより少ない。これらは燃料の種類を変えれば CO_2 の発生量

が大幅に少なくなることを示しているが、現状のガソリンやディーゼル燃料に代替できるかどうかは供給の利便性と価格による。

2－4　着火制御 分割噴射

2－4－1　放電着火〔Spark Ignition〕と
　　　　圧縮着火〔Compression Ignition〕

　ガソリンエンジンでは高圧放電により着火エネルギーを供給する。そのエネルギーは数十 mJ のオーダである。着火開始は直接制御できないが、確率的に近似はできる。点火時期制御については時期がクランク角依存である。これは放電のための電気エネルギー蓄積がエンジン速度によらず一定時間必要であり、また放電から着火と火炎伝播までの時間も実時間であることによる。後者の時間は速度上昇による混合気の流速増大の影響もある。

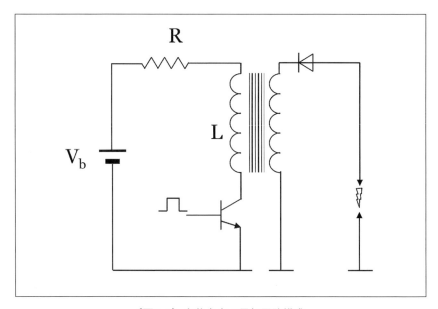

〔図2-8〕火花点火の電気回路構成

エネルギー蓄積に必要な時間は点火回路のインダクタンスＬと抵抗Ｒの値による。電流応答は式(2.24)であらわされる。

$$I = \frac{V}{R}\left(1 - e^{-\frac{L}{R}t}\right)$$ ·· (2.24)

典型的な電流波形を図 2-9 に示す。

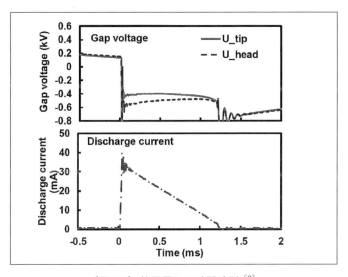

〔図2-9〕放電電圧の時間波形 [3]

この図 2-9 から放電時間は 1.5ms 程度であり、この時間はエンジンの回転速度には依存しないため、6000rpm ではクランク角 54° に相当する。点火時期はそのサイクルで最大トルクが発生する MBT(タイミング)が出力と燃費の点で基本であり、ノックが発生しないように点火時期を遅らせる。また、トルク低下と燃費悪化を許容して、触媒暖気のために

点火時期を遅らせることがある。

　ディーゼルエンジンでは出力密度と排ガス規制対応のため、特に乗用車エンジンでは、CDI（Common rail Direct Injection）が一般的になっている。噴射圧力は燃料微粒化のため 1500Bar から 2000Bar で、さらに高圧化が進められようとしている。

　ある雰囲気温度（250℃）以上で酸素過剰の状態に微粒化された燃料があれば自着火し燃焼する。北欧や北米の冬季は吸入空気を圧縮しても自着火の温度まで上昇しない場合があり、その場合は Glow Plug に加えてブロックヒータが必要となる。燃料計量、微粒化および燃焼室への供給は現在コモンレール直噴（Common Rail Direct Injection, CDI）が主流となっている。

　インジェクタ噴口から燃料が噴射されると、微粒化した燃料と酸素が反応し、燃焼が開始される。インジェクタは弁に物理的な力を加える、つまり電流を流して機械力を発生することが必要なため、ガソリン用インジェクタ同様にむだ時間を含む。

　そのサイクルに供給される燃料が一度に着火・燃焼すると燃焼圧の急激な上昇による騒音（ディーゼルノック）と NOx の発生増大が起こる。そのため燃料供給を、Pre, Main, Post のように分ける分割噴射（multiple injection）が取り入れられている。

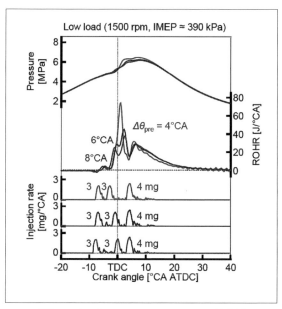

〔図2-10〕ディーゼルエンジンの分割噴射

２－４－２　燃料制御および点火制御の実行タイミング

　燃焼室への吸入空気質量計測はエンジン制御に不可欠である。理論空燃比で運転するガソリンエンジンではこの空気質量に比例した燃料を噴射しなければならない。点火制御ではこの空気質量が点火時期を決める負荷情報となる。ディーゼルエンジンでは空燃比制御の必要はないが、空気過剰率の下限を下回らないように噴射量を制限する必要がある。空気質量流量はある気筒が１サイクルに吸入する量が必要である。空気流れは着火周波数の圧力脈動をもつために、空気量計測値は瞬間の値でなく１行程間を積算（あるいは平均）する。燃焼室内へ流入する空気量は計測できないため、スロットル通過空気質量流量を計測し、空気輸送の

式（2.28、導出は Appendix 8-6 参照）を用いて推定する。マニフォルド絶対圧から体積効率係数を用いて予測すると、より空気輸送遅れは少ないが、EGR を含む場合には EGR 率推定が必要であり精度が低下する。

　インジェクタより噴射される燃料質量はインジェクタの弁が開いている時間にほぼ比例する。インジェクタの弁の状態は全閉より全開に変化するので短時間時ではあるが、中間開度がある。またインジェクタへの通電時間は弁が全開の状態の間だけでなく、電流応答の時間も含まなければならない。それらを考慮するとインジェクタの駆動（開弁）時間はむだ時間分（固定）＋　必要噴射量分（噴射量に比例）となる。

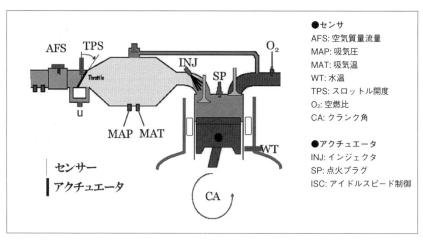

〔図2-11〕燃料点火制御のためのセンサとアクチュエータ

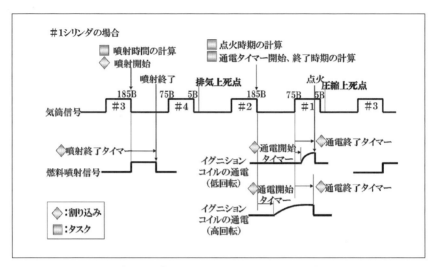

〔図2-12〕燃料と点火制御のタイミング

2－5　出力トルク制御

　現在のガソリンエンジンでは DBW（Drive-by-Wire）という方式が主流で、これはスロットルバルブとアクセルの間には機械的なつながりがなく、アクセルペダルに付けられた踏み込み量センサの出力をもとに、スロットルバルブ開度をモータにより制御するものである。ディーゼルエンジンではもとから出力制御用スロットルは存在せず、ガバナーにより噴射量を制御してきた。最近では排ガス制御と出力増大のため CDI（Common Rail Diesel Injection）が広く使われているが、このシステムでは噴射量を直接インジェクタ駆動時間として制御できる。これはガソリンエンジン制御と同じであるが、噴射圧力が 1500bar 以上である。

　アクセルペダルの指示は、アクセルペダル踏み込み量と原動機出力が単調増加の関係になければ車両制御はできないが、駆動トルクか駆動パワーかの解釈は分かれる。パワーと解釈すると発進から低速でのトルク分解能が小さくなって、運転者の操作が困難になるため、トルク主体と考えるべきである。

　内燃機関では 1 サイクル中の仕事がトルクとなるので、燃料噴射量を制御する。ディーゼルエンジンではスモーク限界の空燃比の範囲内で直接噴射量を制御すればいいが、ガソリンエンジンでは理論空燃比で運転する制約があるため、まずスロットルを操作して必要な燃料質量に対応する空気質量を実現しなければならない。

　定常状態ではエンジン速度とスロットル開度をパラメータとして燃焼室吸入空気質量（＝スロットル通過空気質量）が決まる。スロットルバルブと燃焼室の間には吸気マニフォルドの容積があり、燃焼室への流入空気質量はスロットル通過空気質量流量の一次遅れとなる。エンジント

ルク制御にはこの遅れ補償を含む定常状態のスロットル開度を設定する
フィードフォワードと空気質量流量フィードバックを組み合わせた2自
由度制御が用いられる。

　スロットル開度が刻々変化する場合は空気輸送過程を考慮する必要が
ある。

2－5－1　応答遅れ：空気輸送過程のモデル

　図2-13は自然吸気（NA,Naturally Aspirated）エンジンの吸気系を示し
たものである。スロットル開度が一定の場合、スロットル通過質量流量は、
スロットルの上流圧と吸気マニフォルド圧力の絶対圧（manifold absolute
pressure 以後、MAPと表す）の差により、オリフィスの式で求められる。
吸気マニフォルドの空気質量は、質量保存則よりスロットル通過質量流量
と燃焼室への質量流量の差の積分により決まる。燃焼室への流入空気量は
MAPに比例して増加する。スロットルを通過する空気が直接燃焼室に入
るのではなく、一旦吸気マニフォルドに蓄積され、その後マニフォルド内
の密度に比例して燃焼室に入る。オリフィスを通過する空気質量流量、質
量保存式から次のように空気の輸送過程が記述される。

　スロットル通過質量流量を$\dot{m}_{th}$、スロットル上流圧をP_a、吸気マニフォ
ルド圧をP_m、流量係数をα、スロットル開口面積をA_{th}、空気密度をρ、
吸気マニフォルド内の空気質量をm_m、燃焼室への質量流量を$\dot{m}_{cy}$、ガ
ス定数をR、吸気マニフォルド温度をT_m、吸気マニフォルド容積をV_m、
燃焼室容積をV_cとすると、式（2.25）、（2.26）、（2.27）で表される[2]。

$$\dot{m}_{th} = \alpha A_{th} \sqrt{2\rho (P_a - P_m)}$$ .... (2.25)

$$m_m = \int (\dot{m}_{th} - \dot{m}_{cy})\, dt \quad \cdots\cdots\cdots\cdots\cdots\cdots\cdots\cdots\cdots\cdots (2.26)$$

$$P_m = \frac{m_m R T_m}{V_m} \quad \cdots\cdots\cdots\cdots\cdots\cdots\cdots\cdots\cdots\cdots\cdots\cdots (2.27)$$

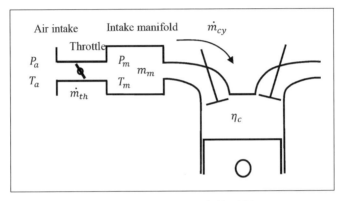

〔図2-13〕燃焼室への空気輸送過程

　これらの式から、燃焼室に入る空気質量流量はスロットルを通過する空気質量流量の一時遅れとなる。この時定数はマニフォルド容積に比例し、エンジン速度の逆数に比例する。

　時定数を T、排気量を V_c、マニフォルド容積を V_m、エンジン速度を ω_e とすると

$$T = \frac{4\pi}{\omega_e}(1 + \frac{V_m}{V_c}) \quad \cdots\cdots\cdots\cdots\cdots\cdots\cdots\cdots\cdots (2.28)$$

時定数はアイドル速度で最大となる。マニフォルド容積と燃焼室容積に依存するがだいたい 0.2 〜 0.7 秒程度である。

２−５−２　燃料エネルギーから機械的仕事への変換

　図 2-13 のように、燃料のエネルギーは，燃焼室で機械的エネルギーへ変換される。サイクル内の燃焼室内発生エネルギーを E_{fuel}、1 サイクルあたりの燃料質量を m_{fuel}、燃料の単位質量あたりの燃焼エネルギーを Q_{fuel} とすると、燃料のエネルギーは (2.29) 式で表される。

$$E_{fuel} = m_{fuel}\,Q_{fuel} \qquad\qquad\qquad\qquad\qquad\qquad (2.29)$$

　ここで、発生する図示トルクを T_{mech}、エネルギー変換効率を η_i とする。出力トルクはサイクル内の燃料質量で近似でき、(2.30) 式で表される。

$$T_{mech} = \frac{m_{fuel}\,Q_{fuel}}{4\pi} \qquad\qquad\qquad\qquad\qquad (2.30)$$

　燃焼室内では燃焼により空気が高温・高圧になりその圧力でピストンを押し下げる。図 2-14 の左側のグラフのような圧力変化が 1 サイクル中に起こり、それが機械仕事に変換される。(2.30) 式で効率がほぼ一定ならば図示トルクは燃料噴射量にほぼ比例する。

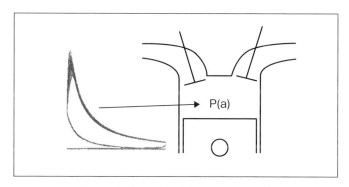

〔図2-14〕燃焼室内でのエネルギー変換

２－５－３　エンジン出力トルクモデル

　前述のとおり、スロットル等の制御手段から出力トルクまでの動的挙動はその周波数が、一部の車両シミュレーションでは車両モデルの遮断周波数を超えている（車両挙動応答への影響が少ない）ため無視できる場合がある。エンジンの出力トルクは燃焼室に取り込まれる空気量に比例する。ここで、エンジン出力トルク（行程平均）を T_e、トルク変換係数 A、噴射された燃料量を F_i、エンジンの摩擦トルクを T_f とすると、エンジンの出力トルクと噴射された燃料の関係は式(2.31) で表される。

$$T_e = Af_i - T_f \qquad (2.31)$$

　図2-15 からも分かるように、(2.31)式は、要求出力トルクから必要な燃料量を算出できることを示している。エンジンの摩擦トルクはエンジン速度に依存するが、その違いは出力トルクより十分小さいため、近似的にはほぼ一定と見なしてもいい。

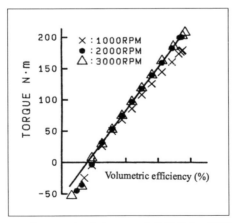

〔図2-15〕エンジン出力トルクと体積効率の関係 [4]

2−5−4 ターボ過給過程の伝達関数モデル

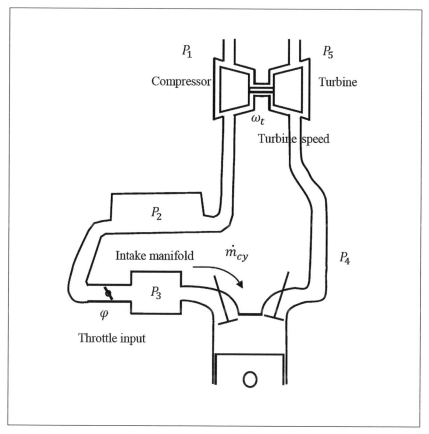

〔図2-16〕ターボ過給システムの構成と主要パラメータ [5][6]

　ターボ過給が入る場合はこのスロットル‐燃焼室間の輸送に、排気ガスからタービンを通してコンプレッサでの圧力上昇につながるポジティブフィードバックが加えられる。アクセルを踏んでから過給による圧力上昇までは数秒を要する。

（1）排気ターボ過給の正帰還関数モデル

　NA エンジンではスロットル変化に対して、過渡的な応答を示すのは質量保存則だけであり、スロットル開度が変化した直後に通過した質量流量以上に燃焼室への質量流量が増えることはない。これに対し、排気ターボ過給はスロットル開度変化で増加した空気によって、燃焼過程を経て排気エネルギーが増加する。これによりタービンへ供給される仕事が増加し、コンプレッサを通じてスロットル上流圧を増加させ、さらにタービンへ供給される仕事が増大する。タービン－コンプレッサの効率が 1.0 より小さいので、コンプレッサ負荷が増えるとやがて定常状態になる。このように、スロットル操作が正帰還機構により増幅される点がNA エンジンとの違いである。

　コンプレッサ仕事はタービン速度の2乗に比例するため、この過給過程のモデルを作成するためにタービン速度が必要となる。

（2）タービン挙動

　タービンは、タービン駆動トルク T_t とコンプレッサ負荷トルク T_c の差により加速される。その挙動はタービンの慣性モーメント I_t を、タービン効率を η_t、コンプレッサ効率を η_c とすると、(2.32)式で表される。

$$I_t\dot{\omega}_t = T_t - T_c = \eta_t \frac{W_t}{\omega_t} - \frac{1}{\eta_c}\frac{W_c}{\omega_t} \quad\cdots\cdots (2.32)$$

（3）タービン角速度モデル

　タービンの角速度は、タービンの慣性、タービン駆動トルク、コンプレッサ負荷トルクより導出でき、式(2.33) で表される。

$$I_t \dot{\omega}_t = T_t - \frac{1}{\eta_c} \frac{W_c}{\omega_t} \quad \cdots\cdots\cdots\cdots\cdots\cdots\cdots\cdots\cdots\cdots\cdots\cdots\cdots\cdots\cdots\cdots\cdots \quad (2.33)$$

　コンプレッサ仕事はタービン角速度の2乗に比例することから[7]、タービン角速度の応答はタービン駆動トルクに対して一次遅れとして近似できる。一度吸気マニフォルド圧が1.0bar以上になると、コンプレッサ駆動に必要なトルクは式（2.34）の右辺第2項のように比例係数を用いて表すことができる。

$$I_t \dot{\omega}_t = T_t - K_c \omega_t \quad \cdots\cdots\cdots\cdots\cdots\cdots\cdots\cdots\cdots\cdots\cdots\cdots\cdots\cdots\cdots\cdots \quad (2.34)$$

　ここで、K_c をコンプレッサ回転数のトルク変換係数とする。
　タービン－コンプレッサシステムの時定数 T_{tc} は式（2.35）で表される。

$$T_t = \frac{L}{R} \quad \cdots\cdots\cdots\cdots\cdots\cdots\cdots\cdots\cdots\cdots\cdots\cdots\cdots\cdots\cdots\cdots \quad (2.35)$$

（4）ターボ過給過程の伝達関数とブロック線図

ここで、式（2.25）～（2.35）で示した空気搬送プロセスを組み合わせることで、ポジティブフィードバックループを持つ、図2-17のようなブロック線図が構成される。

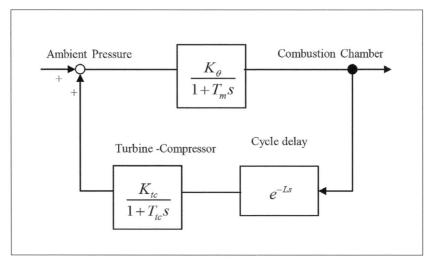

〔図2-17〕ターボ過給過程のブロック線図 [7]

　ブロック線図のフィードバック経路に含まれるむだ時間は、吸気・圧縮・排気の行程遅れと排気弁からタービン入り口までの排ガス輸送遅れからなる。このむだ時間は5行程程度で1500rpmでは0.1秒程度である。このシステムの閉ループの伝達関数は、むだ時間が無視できるとして式（2.36）として表される。

$$G(s) = \frac{K_\theta(T_{tc}s+1)}{(T_{tc}s+1)(T_m s+1)+K_{tc}K_\theta} = \frac{(T_{tc}s+1)}{\dfrac{T_{tc}T_m}{K_\theta}s^2 + \dfrac{T_{tc}+T_m}{K_\theta}S + K_{tc}}$$

$$\cdots\cdots\cdots\cdots\cdots\cdots\cdots\cdots\cdots\cdots\cdots\cdots\cdots\cdots\cdots\cdots\cdots\cdots (2.36)$$

　アイドルからWOTへのスロットル開度がステップ的に変化した場合の応答の計算結果を、図2-18に示す。横軸は時間であり、縦軸は正規

化した応答である。圧力比1に到達する0.2秒までの早い初期応答は、スロットルから燃焼室への空気輸送を示している。その後の遅い応答は、コンプレッサによる圧力上昇を示しており、ポジティブフィードバックの形態である。

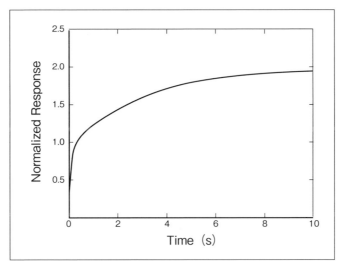

〔図2-18〕ターボ過給過程の低減次元モデルのステップ応答

２－６　排ガス処理のための制御技術

２－６－１　空燃比制御

　内燃機関の燃料は C_mH_n の形（中にはエタノールのように OH を含むものもある）でこれに空気中の酸素が反応する。完全な燃焼では CO_2、H_2O と熱が発生する。完全に燃焼しないと HC と CO が発生する。また反応過程が高温になれば空気中の窒素と酸素が結びつき NOx が発生する。これらは人体に有害な物質である。燃焼の生成物が気体ではなく微粒子として排出されると PM（Particulate Matter）である。HC と CO は燃焼室の外で O_2 と反応すれば H_2O と CO_2 になる。NOx は酸素がない環境（リッチ雰囲気）で還元される。こうした反応を促進する触媒として前者は酸化触媒、後者は NOx 触媒がある。これらの触媒が動作する空燃比は異なり、同じ排気ガス雰囲気内で同時に動作することはできない。

　ガソリンエンジンでは排ガス規制強化の初期段階から三元触媒が用いられており、排気ガス浄化はこの触媒を用いることが基本である。この触媒では理論空燃比近傍の狭い空燃比（Window）のみで CO、HC および NOx が同時に高効率で浄化される。（図 2-19）

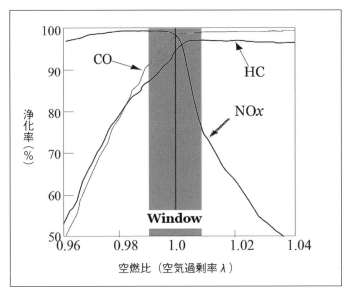

〔図2-19〕三元触媒の排ガス浄化特性 [8]

　そのため排ガス試験サイクルで出現する運転領域では理論空燃比でな
ければならない。車両を駆動するトルクは１サイクルあたりの燃料質量
にほぼ比例するが、燃料質量に見合う空気の供給が噴射後にできないた
め、空気質量流量をスロットルで決め、それに対して理論空燃比になる
燃焼質量を噴射する。この制御は基本的にフィードフォワードであり、
空気質量流量を計測する空気量センサと噴射時間制御する制御器が必要
である。さらにインジェクタ流量の生産ばらつきや経年変化を補正する
ために O₂ センサフィードバックが組み込まれている２自由度制御系の
構成が一般的である。O₂ センサは理論空燃比で 0.5V を境に出力が反転
する特性であるので、フィードバック量は積分型の制御となる。線形な
出力を持つ酸素センサの採用も増えている。

　排ガス規制値が厳しくなるに従い、触媒は活性化を促進するため図2-6のように排気マニフォルドに近接した位置に追加されることが多くなっている。近接触媒（CCC, Closed Coupled Catalyst Convertor）である。これにより主触媒（Main CC）と合わせて2触媒隣、これらの触媒の前にO_2センサが必要なことから$2O_2$センサ構成になっている。そしてそのうちの一つは前述の空燃比に比例した出力をもつセンサであることが多い。

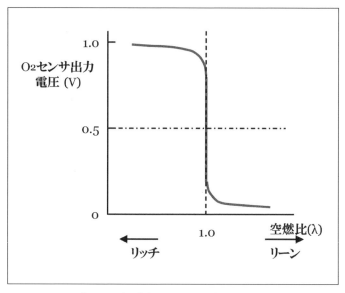

〔図2-20〕酸素センサの出力電圧特性

　ディーゼルエンジンでは空気過剰状態（スモークが発生しないことを保証するには空気過剰率 λ >1.3 と言われている）の運転であるため、三元触媒は使えない。酸化触媒とリーンNOx触媒およびPMトラップの組み合わせとなる。触媒は浄化率100%ではないのでエンジンからの

排出生ガス（Raw exhaust gas）のNOxが少ない方がいいため、燃焼室内で高い温度を発生させる急激な燃焼を避けたい。そのため主噴射（Main injection）に先立ち少量の燃料を噴射する（Pre injection）を行う。また後噴射(Post injection）を行う多段噴射が一般的になっている。（図2-10参照）

スモーク（PM）を発生させないため空気過剰雰囲気（リーン雰囲気）を維持しなければならない。ターボ過給の圧力上昇の遅れを考慮せず噴射するとこれが保障されないので、空気量計測に基づいた噴射量を決める必要がある。EGR（Exhaust Gas Recirculation）が導入されている場合に、空気質量流量センサがEGR導入口より燃焼室側に置かれる場合や、吸入空気質量を吸気マニフォルドの圧力から推定する場合には、EGR率を推定してそれを考慮する必要がある。

ディーゼルエンジンはリーン雰囲気（空気過剰率1.0以上）での燃焼であるため、三元触媒が使えない。そのためPMフィルタ（DPF）やNOx触媒（SCR）を含む排ガス処理システムが適用される。

図2-21に典型的なシステムを示す。

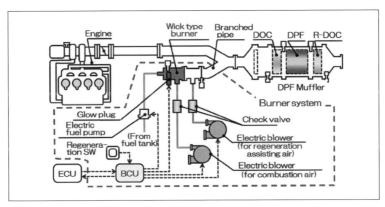

〔図2-21〕ディーゼル排ガス浄化システム構成例[9]

２－６－２　触媒の暖気促進制御

　三元触媒はある温度、light - off 温度で 400°C 程度、以上にならない
と高い浄化率を保てない。排気ガス試験サイクルは室温（20°C ～ 30°C）
から始まる。その時の触媒温度は室温と同じであり、排ガス浄化はほと
んどできない。その温度から高熱の排気ガスで暖められ light - off 温度
に到達して、有害成分の浄化が始まる。燃焼の熱発生を遅くすることで
排気ガス温度を高くすることができ、これは着火を遅らせることにより
実現できる。ガソリンエンジンでは点火時期を遅らせる。ディーゼルエ
ンジンでは分割噴射においてポスト噴射の量を多くすることである。

　これらにより機械出力になる燃料エネルギーが熱として排出されるの
で、当然燃費は悪化する。

第3章

電動機

3-1 電流とトルク発生

　二本の平行した導体に電流が流れると、同じ向きの電流だと導体同士が引きつけられ、逆向き電流だと引き離す力が発生する。これは導体の周りに磁界が発生することによる。磁界内に置かれた導体に働く力 F は電流を I 磁界の強さを B とすると次の関係式で表される。それぞれの値はベクトルであり、積はベクトル積である。

$$F = B \times I \quad \cdots\cdots\cdots\cdots\cdots\cdots\cdots\cdots\cdots\cdots\cdots\cdots\cdots\cdots\cdots\cdots \quad (3.1)$$

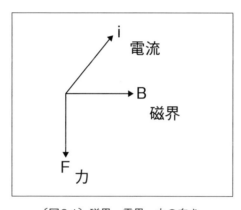

〔図3-1〕磁界、電界、力の向き

　力の向きは「前（電流）を向いて後（磁界）を時計回りに」である。この式は磁場が決まれば、電流が流れている導体に発生する力が電流に比例するということを示している。磁場と電流が直交していると、力は磁束を 90° 時計回りに回転させた方向に発生する。いわゆるフレミングの左手の法則と言われるものである。

　一定磁界のもとで働く力の電流に対する比例定数を K_f とすると力 F は次の式で表される。

$$F = K_f I \quad \cdots\cdots\cdots\cdots\cdots\cdots\cdots\cdots\cdots\cdots\cdots\cdots\cdots\cdots\cdots\cdots\cdots\cdots\cdots \quad (3.2)$$

(3.1)式および(3.2)式は力の発生を述べているだけで、仕事をするには導体が動く必要があり、連続したパワー発生のためには同じ方向で動き続けなければならない。磁界の中に回転軸があり、その周りに導体が配置された構造では電磁力の発生により回転運動が引き起こされるが、そのまま回転を続けることはできない。半回転したところで力の向きが逆になり、慣性モーメントにより半回転以上動いても逆の力が働く。回転を続けるには磁界と電流の向きを連続して同じにする必要がある。
車両駆動モータとしては永久磁石同期電動機（Permanent Magnetic Synchronous Motor: PMSM）が多く使われている。そこでは電流に比例したトルクが発生し、運転中は回転速度に比例する逆起電力が発生する。これらが車両駆動および制御で重要なパラメータとなる。

　連続パワーを発生する基本原理を考えるため、磁界が固定された永久磁石で発生し、磁界に直交した導体（巻線）が回転軸に取り付けられた構造の電動機を扱う。

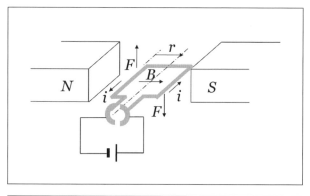

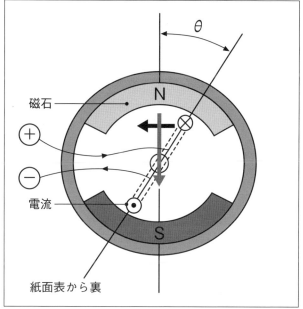

〔図3-2〕 直流モータの回転原理

　図3-2のように紙面に直交した導体の電流が奥に向かって流れ、また紙面手前に向かって戻ってくるように流れると、左の導体には下向きの力が、右の導体には上向の力が働く。力のモーメント（偶力）が発生し、

導体は回転を始める。水平位置から 90° 回転して垂直になりそこからさらに回転すると電流の向きが最初と反対になり、力のモーメントは逆になる。そうすると導体は同じ方向に回転を続けることはできない。仕事が増えることはなく、連続したパワー変換ができない。もし、電流の向きを切り替えることができれば、回転が持続できて連続パワー変換できる。この電流切り替えを機械的に実現するのがブラシからなる整流子である。

　導体には磁界と電流から力 F が働くが回転運動をするため、パワーの元となるのはトルク T である。トルクは導体の回転半径を r、回転角度を θ とすると $T(t) = Fr\sin\theta(t)$ である。回転運動の継続のため 180 度ごとに電流の向きを変えるとして、図 3-2 のように 1 対の導体では回転角 θ によりトルクは $T(t) = |Fr\sin\theta(t)|$ となり大きく変化する。これは内燃機関の出力トルク波形と同様に、変動 (脈動) トルクとして振動の原因となる。

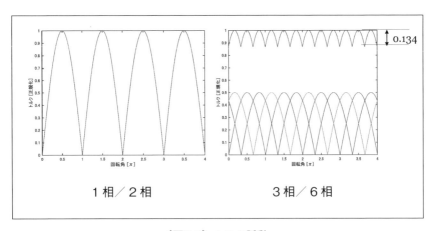

〔図3-3〕トルク脈動

そこで実際に電動機を設計する場合は図3-4に示すように3極構造(三相）の巻線にすることが多い。各極への電流通電は回転角120°ごとに切り替えられる。3相／6相の合成トルクは図の上に示され、トルク変動の幅は最大トルクを1.0として、0.134である。

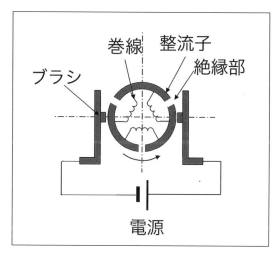

〔図3-4〕直流モータの電流切り替え機構

　ブラシは接触により電流を伝えるので摩耗すると性能劣化あるいは故障する。定期的な保守点検が可能な産業機器や鉄道では電動機の性能を維持できるため、整流子直流電動機が使われてきた。ドイツの自動車会社では1980年台よりスロットル駆動のような重要な用途にもブラシ付き直流電動機が使われてきたが、日本の自動車会社では個人用の乗用車は継続的に保守されるとは限らないので、重要な用途には使われてこなかった。

3－2　電流供給の相切り替え

　ブラシを用いて機械的に電流を切り替える場合は、切り替える回転角は構造上で決まっている。電気的には任意の回転角度で切り替えられるが、回転を継続するためにはブラシ方式と同じように決まった回転角で切り替える必要がある。半回転（180°）ごとに電流の向きを切り替えることは、機械的な接点の切り替えでなく、電子スイッチでもできる。このスイッチは機械的にある回転角で切り替わらないので回転角センサを用いて、切り替えるタイミングを検出しなければならない。これは切り替えタイミングが決まれば、ハードウェアの論理回路で構成できる。図3-5にスイッチング回路を示す。

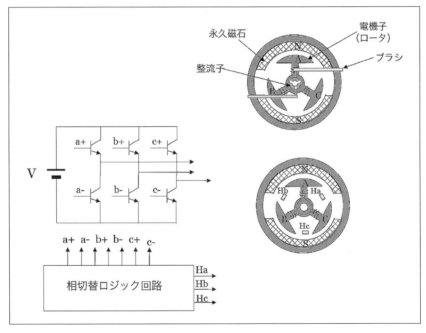

〔図3-5〕電流切り替えの実現方法

この電子的電流切り替えを用いた直流電動機が日本では DC ブラシレスモータと呼ばれる。信頼性の高いブラシレスモータが安価で供給されるようになると、スロットル駆動などの重要な用途に用いられるようになった。BEV 及び HEV の主駆動電動機にも使われている。

　機械的な電流切り替え方式では、導体は回転側に置く必要があった。電子的スイッチングでは導体は回転側でも固定側でもどちらでもかまわない。永久磁石を回転側に置くと、回転部の慣性モーメントを下げることができ、また形状設計の自由度が高くなる。高速回転になると強い遠心力がかかるので、ロータ（回転子）表面に磁石を配置する場合はその剥がれ破損を防ぐため、磁石の接着方法と保持機構の設計に注意を要する。ロータ内部に磁石を埋め込む場合は、高速回転での剥がれの恐れはなくなるが、ロータの円周上で磁界強度が均一でなくなる、いわゆる突極効果がでてしまう。そのための制御が必要となる。

3－3　モータ速度と誘導起電力

3－3－1　誘導起電力の発生

　磁界内で運動する導体には起電力が発生する。この起電力を E_v とし、導体の速度を v とすると

$$E_v = B \times v \quad \cdots\cdots\cdots\cdots\cdots\cdots\cdots\cdots\cdots\cdots\cdots\cdots\cdots\cdots\cdots (3.3)$$

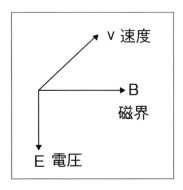

〔図3-6〕磁界と誘導起電力の向き

　磁界が一定の時、起電力は導体の速度に比例する。この速度比例定数（逆起電力定数）を K_e とすると、逆起電力 E_v は（3.4）式で表される。

$$E_v = K_v v \quad \cdots\cdots\cdots\cdots\cdots\cdots\cdots\cdots\cdots\cdots\cdots\cdots\cdots\cdots\cdots (3.4)$$

　トルク定数と逆起電力定数は同じである。それは機械パワーと電気パワーが等しいことから導くことができる。誘導起電力による電圧を E_v、回路を流れる電流を I、角速度（回転速度）を ω、トルクを T とすると、パワー P_w は

$$P_w = E_v I = T\omega \quad \cdots\cdots\cdots\cdots\cdots\cdots\cdots\cdots\cdots\cdots\cdots\cdots\cdots\cdots\cdots\cdots\cdots (3.5)$$

トルク T と誘導起電力 E_v を電流 I と速度 ω で表すと

$$K_v \omega I = K_f \omega I \quad \text{より} \quad K_v = K_f \quad \cdots\cdots\cdots\cdots\cdots\cdots\cdots\cdots\cdots\cdots\cdots (3.6)$$

(3.6)式より誘導起電力定数とトルク定数が等しいことが示された。

　誘導起電力定数は電動機を外部から駆動して、速度と発電電圧を計測して求められる。計測した例を図3-7に示す。電動機はトヨタ HEV の 2010 モデルのものである。電圧値は波高値（V_p, Peak to Peak）でなく有効値（V_{rms}, RMS, Root Mean Square）が使われている。前者は後者の $\sqrt{2}$ 倍である。

　またトルク定数は電動機の回転軸を固定して電流を印加し、トルクを計測することで同定することができる。トヨタの HEV の電動機を計測した結果を図3-8に示す。

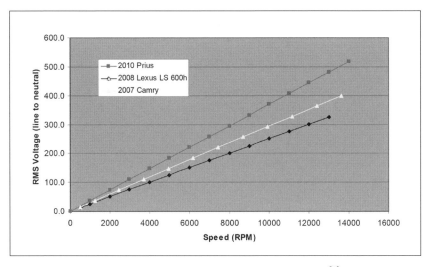

〔図3-7〕誘導起電力の計測による起電力の同定 [1]

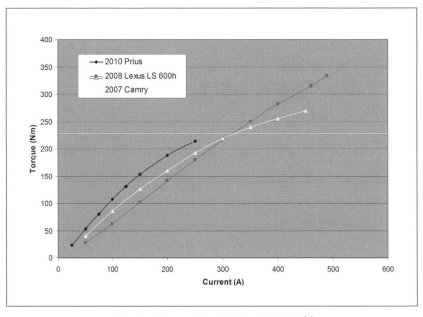

〔図3-8〕トルク定数の計測による同定 [1]

3-3-2　界磁弱め制御

　モータの速度上昇にともない（3.4）式で表される誘導起電力が発生する。これは電気回路では抵抗と同じであるため、電流が流れにくくなり、トルクが減少して負荷が小さくてもある速度以上には回転できなくなる。この起電力は磁界に比例するため、もし磁界を弱めることができれば速度を上昇させることができる。

　回転子と固定子ともコイルで構成されていれば一方、例えば固定子の電流を減少させて磁界を弱めて、速度を上昇させることができる。これが界磁弱め制御である。

突極性を持つ永久磁石埋め込み同期電動機（IPMSM: Interior Permanent Magnet Synchronous Motor）では突極性を持つため界磁弱め制御の効果が大きい。表面磁石同期電動機 (SPMSM: Surface Permanent Magnet Synchronous Motor）ではこの界磁弱め制御の効果は大きくない。

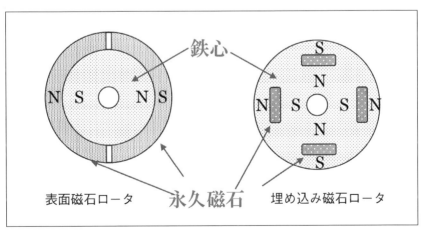

〔図3-9〕ロータの永久磁石配置 [2]

3－4　電気回路方程式と運動方程式

3－4－1　電気系

　モータが回転している時は誘導起電力が発生するので電気回路方程式に誘導起電力項を加えなければならない。電源電圧を V_a、回路抵抗を R_a、インダクタンスを L_a、誘導起電力を E_m、モータトルクを T_{mt}、回転角速度を ω とすると次の式が成り立つ。

$$L_a \dot{I}_a + R_a I_a = V_a - E_m \qquad\qquad\qquad\qquad\qquad\qquad\qquad\qquad (3.7)$$
$$E_m = K_e \dot{\theta}_m$$
$$T_m = K_t I_a \qquad\qquad\qquad\qquad\qquad\qquad\qquad\qquad\qquad\qquad (3.8)$$

K_t, K_e：トルク定数と誘導起電力定数

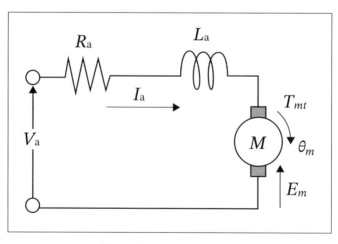

〔図3-10〕電動機の等価回路

これらの関係式よりモータの定常特性を求めることができる。

① 最大電流 / 最大トルク

誘導起電力が 0 の時である。この時電流 I_{mx} とトルク T_{mx} は

$$I_{mx} = \frac{V_a}{R_a}$$ .... (3.9)

$$T_{mx} = K_t I_{mx}$$

となる。この電流を流すと発熱によりモータが焼損する恐れがあり、保護のために電流制限が必要な場合がある。

② 最大速度

負荷がない場合にはモータは加速され、誘導起電力が電源電圧に等しくなると、電流は流れなくなる。この時の速度を ω_{mx} とすると

$$\omega_{mx} = \frac{V_a}{K_e}$$ .... (3.10)

である。実際にはわずかとはいえ軸受ベアリングの摩擦とロータの空気摩擦があるため電流が 0 になる前に、これらの負荷抵抗と出力トルクが釣り合い、速度は定常値に収束する。

③最大パワー

パワーが最大になるのは無負荷回転速度の半分の速度である、このパワーを P_{mx} とすると

$$P_{mx} = \frac{V_a I_{mx}}{4} = \frac{T_{mx} \omega_{mx}}{4} \quad \cdots\cdots\cdots\cdots\cdots\cdots\cdots\cdots\cdots\cdots\cdots\cdots (3.11)$$

である。

　この時の効率は 50% である。

　これらの関係を図3-11 に示す。

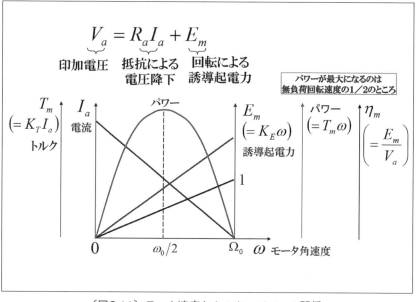

〔図3-11〕モータ速度とトルク、パワーの関係

3－4－2　機械系

　モータの出力トルクはモータ制御装置で決めることができるが、モータ速度は機械系の運動に依存する。モータトルクを入力として機械系の運動方程式を解かなければならない。モータの速度が決まると誘導起電力が決まるので、そこで最大電流が制約される。制御にはこの制約があるので、制御設計とその性能評価は電気回路と機械系を連立して解かなければならない。

　図3-12にスロットルバルブ駆動系の一例を示す。モータ回転速度は歯車列により減速される。スロットルバルブはリターンスプリング（バネ定数k）と動摩擦要素（摩擦係数C）がついていて、ばね - 質量をもつ振動系となっている。

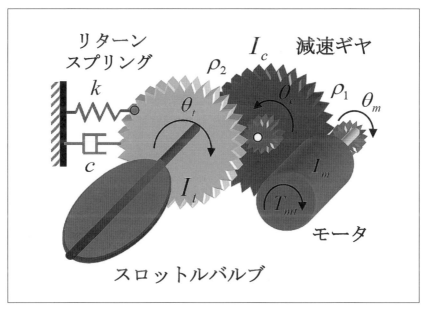

〔図3-12〕モータが駆動する機械系

●機械系の運動方程式

モータより発生したトルクで機械系が駆動される。次の運動方程式が成り立つ。

$$\ddot{\theta}_m + 2\zeta\omega_n\dot{\theta}_m + \omega_n^2\theta_m = \frac{1}{K}\omega_n^2 T_m \qquad \theta_t = \frac{\theta_m}{\rho_1\rho_2} \qquad \cdots\cdots\cdots\cdots (3.12)$$

$$\omega_n = \sqrt{\frac{K}{M}} \qquad \zeta = \frac{C}{2\sqrt{MK}}$$

$$M = I_m + \frac{I_c}{\rho_1^2} + \frac{k}{(\rho_1\rho_2)^2} \qquad \cdots\cdots\cdots\cdots\cdots\cdots\cdots\cdots (3.13)$$

$$C = \frac{c}{(\rho_1\rho_2)^2} \qquad K = \frac{k}{(\rho_1\rho_2)^2}$$

(3.12)式はモータトルクに対して変位が2次振動系であることを示す。パワー伝達系では減衰係数は低く、ばね要素をふくむ場合は振動系になると考えるべきである。制御対象のモデルを用いたモータ駆動制御設計が重要である。このモデル例ではスロットルバルブは90°回転であり開閉で往復運動をするが、一方向に連続回転する主駆動電動機からタイヤへの動力伝達はねじりばね要素である駆動軸を介しておりスロットルバルブと同様な運動方程式で記述でき、急激な入力トルク変動によりねじり振動（加減速ショックあるいはジャーク）を引き起こす。この現象は6.3章で低減手法を含め解説する。

３－４－３　電動機のトルクと速度制御

電動機の基本はトルク制御、つまり電流制御である。電源電圧が一定

の場合、逆起電力が速度に比例するため、この起電力を予め補正した方が応答性はいい。電流検出をしてフィードバック制御する構成にこのフィードフォワード制御である誘導起電力補正を加えた、2自由度制御系が広く使われている。電流検出はシャント抵抗あるいはホールセンサにより行われる。シャント抵抗は駆動回路に直接組み込まれる。図3-13にハードウェアの構成例を示す。

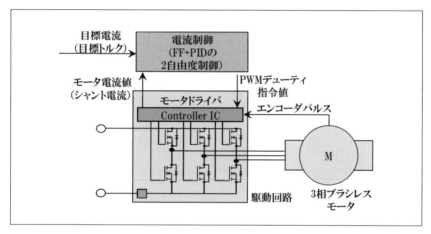

〔図3-13〕ブラシレスモータ制御の構成

　上図の電流制御系のFF部は誘導起電力補正である。モータ速度より逆起電力定数 K_e を用いて計算するかあるいは速度に対する補正量を参照テーブルから求めるかどちらかである。フィードバック制御はPID制御を用いて構成できる。図3-14にこの2自由度制御系の構成例を示す。

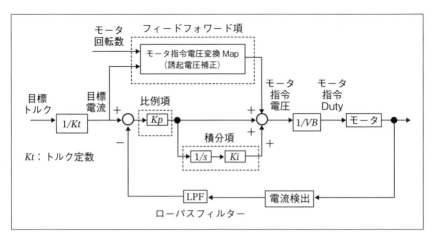

〔図3-14〕２自由度電流制御ソフトウェアの構成例

３－４－４　制御系の設計と評価

　２自由度制御系を構成し、制御器のパラメータ決定および制御性能評価には、伝達関数（あるいは状態空間）モデルを作成する必要がある。制御対象の機械系と電気回路の微分方程式をラプラス変換して、伝達関数モデルが得られる。制御＋制御対象はそれらの結合したもので、図3-15に示すものとなる。

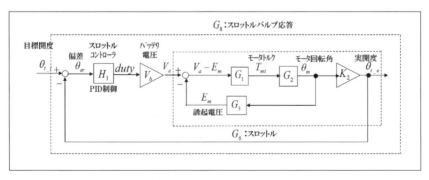

〔図3-15〕位置制御のブロック線図

図中の伝達関数はそれぞれ

・コントローラ

$$H_1(s) = k_{p\theta} + k_{D\theta}s + k_{I\theta}\frac{1}{s} \quad \cdots\cdots\cdots\cdots\cdots\cdots\cdots\cdots\cdots \quad (3.14)$$

・電気回路

$$G_1(s) = \frac{K_t/R_a}{(L_a/R_a)s+1} \quad \cdots\cdots\cdots\cdots\cdots\cdots\cdots\cdots\cdots \quad (3.15)$$

・スロットルバルブ機械系

$$G_2(s) = \frac{\omega_n^2/K}{s^2 + 2\zeta\omega_n s + \omega_n^2} \quad \cdots\cdots\cdots\cdots\cdots\cdots\cdots\cdots \quad (3.16)$$

$$G_3(s) = K_e s \quad \cdots\cdots\cdots\cdots\cdots\cdots\cdots\cdots\cdots\cdots\cdots\cdots\cdots \quad (3.17)$$

$$K_2 = \frac{\theta_{t\_e}}{\theta_m} = \frac{1}{\rho_1\rho_2} \quad \cdots\cdots\cdots\cdots\cdots\cdots\cdots\cdots\cdots\cdots \quad (3.18)$$

である。

　これらを結合した閉ループ伝達関数は Appendix に示す数式処理を用いて導出すると、容易で間違いがない。

3−5　電流制御

3−5−1　電流制御のためのPWM制御

　電動機の基本制御は出力トルク制御である。出力トルクはモータを流れる電流に比例するので、電流制御が必要となる。アナログ的に大電流を制御する回路を新たに追加するより、電流切り替え回路を用いてスイッチング信号をPWMした方がはるかに容易である。点火制御で示したように電流応答は(2.8)式の通りである。時定数T_tは抵抗RとインダクタンスLを用いて

$$T_t = \frac{L}{R} \quad \cdots\cdots\cdots\cdots\cdots\cdots\cdots\cdots\cdots\cdots\cdots\cdots\cdots\cdots\cdots\cdots\cdots\cdots\cdots\cdots (3.19)$$

である。PWMの周期、つまり周波数の逆数、がT_tより短いと100%の電流応答値に到達しない。そしてある時間区間をとると電流の値は平均的にPWMのオン時間の割合になる。図3-16に時定数とPWM周波数と応答性を示す。

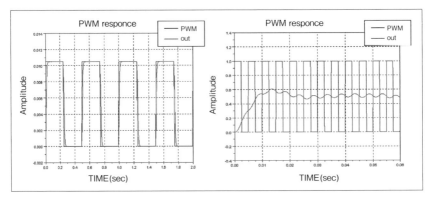

〔図3-16〕スイッチングPWM周波数による電流応答の違い

HEV の駆動用には電流制御の PWM 周波数は 1kHz – 2kHz に設定されることが多い。この周波数は後述の騒音問題に影響するため、実車で評価・検証して最終的に決定される。

　機械系では質量あるいは慣性モーメントがトルクに対する速度応答の時定数に影響するが、電気系ではインダクタンスが電圧に対する電流応答の時定数に対応する。

３−５−２　トルクリップル

　電流の相切り替えはスイッチングにより行われる。図 3-5 の回路で a、b、c 点の電圧が図 3-17 の上から３段で示されるように回転角 120° ごとに切り替えると線 A、B、C 電流は図 3-17 の下から３段で示されるように 180° 間の真ん中 60° 区間で２倍となり発生トルクの脈動（リップル）になる。永久磁石の着磁をねじるようにするスキュー着磁にする方法で多少軽減されるが、トルクリップルはなくならない。しかし、このトルク脈動は内燃機関のそれに比べてはるかに小さい。

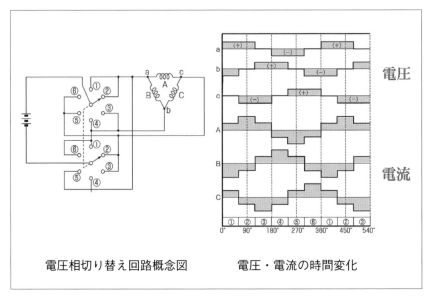

電圧相切り替え回路概念図　　電圧・電流の時間変化

〔図3-17〕スイッチングによる電流相切り替え

３－５－３　インバータと電源電圧の昇圧

　抵抗による損失は電流の２乗に比例する。そのため同一パワーであれば電圧を高くして電流を下げた方が効率はよくなる。蓄電池の電圧は直列のセル数に依存するので、電動機の要求運転電圧より低い場合がある。そのような時は電池電圧を DC-DC コンバータを用いて昇圧する。直流電流のスイッチングによる交流発生が基本となる。概念を図3-18に示す。この図でランプ L は負荷である、直流電源にスイッチ S1 ～ S4 の４個を接続して、S1 と S4 を一対、S2 と S3 を一対として、交互に ON － OFF するとランプには交流が流れる。

・スイッチ S1 と S4 を ON するとランプには A の方向に電流が流れる

・スイッチ S2 と S3 を ON するとランプには B の方向に電流が流れる

この操作を一定周期で繰り返すと、流れる電流方向が交互に反転する交

流となる。

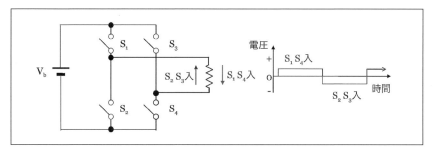

〔図3-18〕インバータによる交流の生成

第 4 章

動力伝達機構

動力伝達機構は発進装置と変速機から構成される。発進装置は停止時
（速度0）にトルクが発生できない内燃機関を用いて車両を停止から発
進させるのに必要である。変速機は原動機の運転速度範囲とタイヤの運
転速度範囲（時速200kmでも乗用車用として標準的な半径0.3mのタイ
ヤは1770rpm）を合わせ、広い速度範囲で原動機の最大パワーを効率
的にタイヤに伝達するためのものである。

4－1　発進装置

　内燃機関はアイドル速度以下では運転できない、これは停止時にトル
ク発生がないことを意味し、エンジンとタイヤが直結状態では車両が発
進できないことを示す。内燃機関のみで駆動する場合にはエンジンがあ
る速度で運転されていて、タイヤは停止している状態で発進することに
なる。このエンジンとタイヤの間をつなぐのが発進装置である。発進装
置にはクラッチとトルクコンバータ（Fluid coupling: 流体継手は原理的
に同じであるが、乗用車用には適用がほとんどないので取り上げない）
がある。

　ハイブリッド電気自動車で、駆動モータの出力トルクが発進から内燃
機関のアイドル速度まで必要量あれば発進装置は不要である。つまり停
止時のトルクがエンジン始動と車両加速分あり、そのトルクをエンジン
が十分なトルクを発生できる速度（少なくともアイドル速度以上、望ま
しくは1000rpm以上）まで維持できることである。

4−1−1　発進クラッチ

クラッチによる発進は次の運動方程式で記述される。エンジン速度を ω_e、車両速度を ω_v、エンジントルクを T_e、クラッチ吸収トルクを T_c、抵抗を T_r とする

$$I_e\dot{\omega}_e = T_e - T_c$$
$$I_v\dot{\omega}_v = T_c - T_l$$

$$\cdots\cdots\cdots\cdots\cdots\cdots\cdots\cdots\cdots\cdots\cdots\cdots\cdots\cdots\cdots\cdots \quad (4.1)$$

制御対象はクラッチによる吸収トルクである。クラッチ間の摩擦係数が一定であれば、クラッチによる吸収トルクはクラッチにかかる力（油圧制御なら油圧）に比例する。

図4-1にクラッチを用いた発進時の挙動を示す。この図でエンジントルクを T_e、クラッチ吸収トルクを T_c としている。

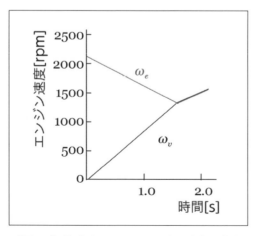

〔図4-1〕発進時のエンジンと車両速度の挙動

4−1−2　トルクコンバータ

　吸収トルクは入力軸回転速度の二乗に比例する。比例係数は入力軸と出力軸の速度比をパラメータに定義される。まず速度比 e を定義する。これはエンジン速度 N_e[rpm]、トルクコンバータホンプ速度を N_c[rpm] とすると次の式で表される。速度比 0 は車両停止時である。

$$e = \frac{N_c}{N_e} \quad\text{……………………………………………………} (4.2)$$

トルクコンバータに吸収されるトルクを T_c, 容量係数を C, トルク比を τ, トルクコンバータからの出力トルクを T_t とすると

$$T_c = C(e)N_e^2 \quad\text{……………………………………………} (4.3)$$

$$T_t = \tau(e)T_c = \tau(e)C(e)N_e^2 \quad\text{………………………………} (4.4)$$

特性の例を示す。

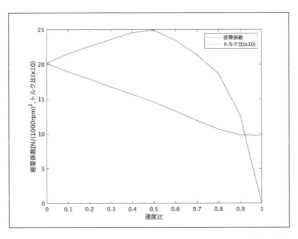

〔図4-2〕トルクコンバータの容量係数とトルク比の例

4－1－3　発進時の加速挙動と効率

　発進時の運動方程式は(4.1)式と同様であるが、車両加速トルクが (4.4) 式の T_l となる。車両の運動は (4.5) 式で表される。

$$I_v \dot{\omega}_v = T_t - T_l \qquad\qquad\qquad\qquad\qquad\qquad\qquad (4.5)$$

　アイドル状態ではトルクコンバータの吸収トルクが小さいのでエンジンの加速が始まる。速度の２乗に比例する吸収トルクとトルク係数の積トルクで車両は加速される。車両最大加速度に到達した後、速度比が1に近くなるとロックアップクラッチを働かせる。典型的な発進時のエンジンと車両の挙動を図4-3に示す。発進直後はトルクコンバータの吸収トルクが小さいのでエンジン速度は上昇するが、約0.5秒のところで吸収トルクがエンジントルクに釣り合うのでエンジン速度は停滞する。その直後トルク比により車両の最大加速度約 4.8 [m/s²] に到達する。

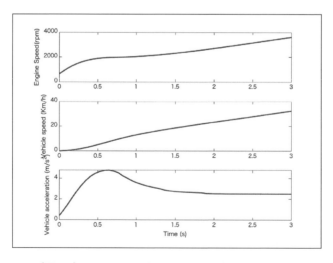

〔図4-3〕トルクコンバータを用いた車両の発進挙動

4-1-4　効率向上とロックアップクラッチのスリップ率制御

　エンジンの行程ごとのトルク脈動を吸収するためには、クラッチは完全な結合状態でなく僅かなスリップを維持しつつ動力伝達をする。僅かにスリップを残す油圧はクラッチごとにばらつくために、タービン速度のフィードバック制御を行う。当然スリップの分だけ伝達効率は下がるので、スリップ率を目標に追従して正確に制御する必要がある。入力と出力のパワーはそれぞれの速度とトルクの積である。スリップ制御中トルクはそのまま伝達されるので、入力速度と出力速度の差（スリップ速度）と伝達トルクの積が損失パワーとなる。効率は出力速度を入力速度で割ったものである。

４−２　変速機

　内燃機関の運転速度は 600rpm から 6000rpm、電気モータのそれは 0rpm から 12000rpm（次世代は 18000rpm）であるが、標準的な半径 0.3m のタイヤは時速 200km でも約 30rps（1800rpm）である。原動機出力軸とタイヤ直結では原動機のパワーを有効には使えない。少なくとも減速機が必要である。また燃費の最良点付近でパワーを最大まで利用しようとすると複数の変速比が必要となる。さらに最高回転速度を低くして同じパワーを出そうとすると出力トルクが大きくなり原動機の容積と質量が増大する。

　変速機には有段変速機と可変変速比変速機（Continuous Variable Transmission, CVT）がある。回転速度の変更は、接触円の周速度（接線速度）が同一であることから導かれる、摩擦損失あるいはスリップ損失がないとすれば伝達パワーは同じである。

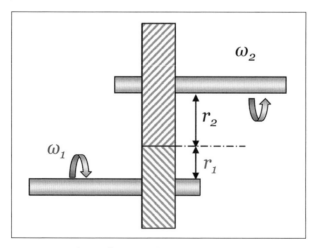

〔図4-4〕円の接触による動力伝達

駆動側の接触円半径を r_1、被駆動側の接触円半径を r_2、駆動側の角速度を ω_1、被駆動側の角速度を ω_2 とすると接触点での周速度（接線速度）が同一であることから

$$r_1\omega_1 = r_2\omega_3 \quad \cdots\cdots\cdots\cdots\cdots\cdots\cdots\cdots\cdots\cdots\cdots\cdots \quad (4.6)$$

これは動力伝達が歯車と歯車、ベルトとプーリ、球と球（トロイダルCVT）のどれであっても同じである。これより変速比は接触半径の比率となる。歯車の場合、同じ形状の歯がついているので接触円半径の比は歯数の比となる。変速比 G_r は

$$G_r = \frac{r_1}{r_2} \quad \cdots\cdots\cdots\cdots\cdots\cdots\cdots\cdots\cdots\cdots\cdots\cdots\cdots \quad (4.7)$$

損失がなければ伝達パワー P_w は一定である。接触点の接線方向の力を f、速度を v とすると、パワーは次のように表される。

$$P_w = fv = T_1\omega_1 = T_2\omega_2 \quad \cdots\cdots\cdots\cdots\cdots\cdots\cdots\cdots\cdots \quad (4.8)$$

ここで入力トルクを T_1、出力トルクを T_2 としている。

4－2－1　有段変速機

4－2－1－1　手動変速機（Manual Transmission, MT）

手動で出力ギヤを選択（切り替え）する。全ての歯車は常に噛み合っていて、ギヤシフトはどの歯車を出力軸と契合させるかを選択することである。この常時噛み合いの構造が騒音として問題となるギヤラトルを

発生させる（6-3-3章で解説する）。動力伝達中は歯車の選択・切り替え
ができないので動力伝達クラッチを切断する必要がある。クラッチ操作
と歯車の選択は全て人手による。MT の構造を図4-5 に示す。3 本の軸
があり、最上段は原動機からの入力軸、真ん中の軸は変速後の出力軸、
下段は最終減速機を経てトランスミッションの出力軸でありディファレ
ンシャル機構を含む。図4-6 は MT の各歯車の噛み合いを示す。常時噛
み合い状態の歯車対がシンクロナイザを使って選択される構造が示され
ている。図中の数字はギヤ段であり、FD は最終減速機である。

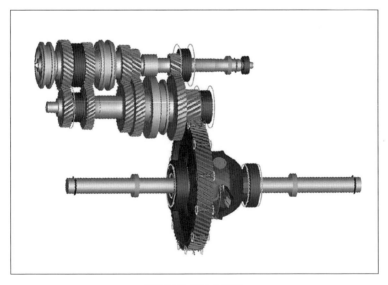

〔図4-5〕MT の構造

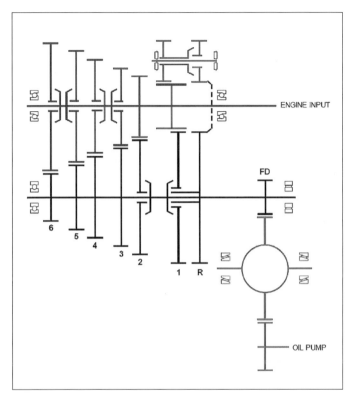

〔図4-6〕MT の歯車列の構成例 (6 速 MT)

4－2－1－2　AMT（Automated Manual Transmission, 自動化手動変速機）

　構造はMTと同じである。出力歯車の選択と接続換えを自動的に油圧、または電気アクチュエータで行う。クラッチの切断と同期も同様なアクチュエータで行う。アクチュエータとしては電気モータ、油圧シリンダが使われている。制御は、(1)クラッチを開放してエンジンからのトルク

伝達を切る、(2)シフトレール上で次に接続する歯車を選択、(3)シンクロナイザが噛み合うまでスリーブを移動させる、(4)クラッチを再度結合させエンジントルクを受け入れる、ここではエンジンと車両速度が同期する間に慣性モーメントの加減速があり、それによる加速／減速感が大きくないように滑らかに契合する必要がある。

　クラッチ切断中は駆動力あるいは制動力が働かないので、加速の息切れ感や空走感がある。これは制御できない。さらに(4)のクラッチ制御がうまく働かないと変速ショックが発生し、品質感が損なわれる。こうしたことから米国や日本では採用が広がっていない。また最近では欧州でも少なくなっている。

4−2−1−3　DCT (Dual Clutch Transmission)

　主要構造は MT と同じである。常時噛み合いの歯車対の選択はシンクロナイザで行う。MT がエンジンからの入力を1つのクラッチで切断／契合するのに対して、ギヤの選択変速中に変速前のギヤ比による出力と変速後のギヤ比の出力を同時に行えるように2つのクラッチを備えている。このクラッチにより出力比率を連続的に変更して、駆動力や制動力が連続するよう制御する。加減速感が途切れず快適である。

　2系列の歯車列、1速、3速、5速…、と2速、4速、6速… の間で交互に切り替える。1速から2速へ切り替える場合を例に、変速制御を説明する。歯車は1速が契合しており、 1速ギヤの奇数歯車軸側クラッチがエンジンと契合している。この時偶数歯車軸クラッチは開放されており、既に2速歯車は出力軸に契合されている。この状態からエンジントルクの伝達割合を奇数歯車軸クラッチ100% から偶数歯車軸クラッチ

100% に切り替えていく。運動方程式はエンジン速度をω_e、車両速度をω_v、エンジントルクをT_e、クラッチ吸収トルクをT_{c1}、T_{c2}、総減速比をr_1、r_2とすると次の通りである。慣性モーメントがギヤ比により異なるため、発進挙動を表す運動方程式のようにエンジン側で表現できない。

$$I_e\dot{\omega}_e = T_e-(T_{c_1}+T_{c_{12}})$$
$$I_v\dot{\omega}_v = (T_{c_1}+T_{c_{12}})-T_l$$ .... (4.9)

発進時は奇数歯車軸クラッチが発進クラッチの役割を果たす。車両挙動をあらわす運動方程式は (4.1)式と同じである。

目標の変速段を決めるシフトスケジュールは AT と同様である（後述する）。2輪車用 DCT の構造と動作については、技術論文（Honda R&D Technical Review）[1]およびウェッブサイト（Honda motorcycle technology）[2]の解説がある。

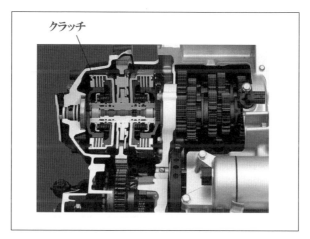

〔図4-7〕DCT の構造（クラッチ部）[2]

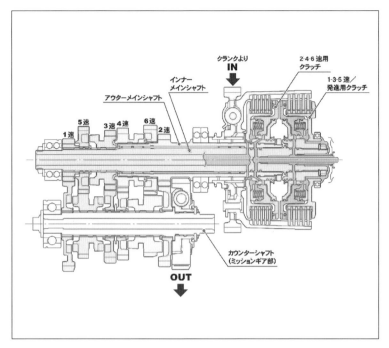

〔図4-8〕DCT の歯車列とクラッチの配置例（ホンダ DCT）[2]

4－2－1－4　AT（Automatic Transmission）

　遊星歯車機構を持つ。遊星歯車は自転・公転でき、サンギヤ、遊星歯車とリングギヤから成る一対の遊星歯車機構で遊星歯車を公転させた場合と公転を停止した場合の2つのギヤ比が実現できる。この公転を停止させるブレーキと出力を選択するクラッチの制御が必要である。（遊星歯車機構におけるクラッチとブレーキによる動力伝達経路選択）サンギヤの接触半径を r_1、遊星歯車の公転半径を r_2、リングギヤの接触半径を r_3 とする、サンギヤの回転角速度を ω_1、遊星歯車の公転角速度を ω_2、

リングギヤの回転角速度を ω_3 とする、遊星歯車の自転速度を ω_0 とする。
接触点の周速度が一致している必要性から次の式が成り立つ。

$$r_1(\omega_1 - \omega_2) = r_0 \omega_0$$
$$r_3(\omega_3 - \omega_2) = r_0 \omega_0 \qquad \cdots\cdots\cdots\cdots\cdots\cdots\cdots\cdots\cdots\cdots\cdots\cdots\cdots\cdots (4.10)$$
$$r_0 = \frac{1}{2}(r_2 - r_1)$$

これより

$$r_1(\omega_1 - \omega_2) = r_3(\omega_3 - \omega_2)$$
$$(r_3 - r_1)\omega_2 = r_3\omega_3 - r_1\omega_1$$
$$\omega_2 = \frac{r_3\omega_3 - r_1\omega_1}{r_3 - r_1} = \frac{r_3}{r_3 - r_1}\omega_3 - \frac{r_1}{r_3 - r_1}\omega_1 \qquad \cdots\cdots\cdots\cdots\cdots\cdots\cdots\cdots (4.11)$$
$$\omega_3 = \frac{r_1}{r_3}\omega_1 + \left(1 - \frac{r_1}{r_3}\right)\omega_2$$

1つの遊星歯車機構で、出力軸を選択してギヤ比は2組できる。

入力	出力	停止（ブレーキ）	ギヤ比
サンギヤ	リングギヤ	遊星歯車	r_1/r_3
サンギヤ	遊星歯車	リングギヤ	$r_1/(r_3 - r_1)$

〔表4-1〕遊星歯車対のギヤ比

〔図4-9〕FWD8 速 AT の断面図（FISITA 2015, Hyundai 展示品）

4－2－1－5　変速制御

(1) 変速

　ブレーキとクラッチを動作させる。そのため、ECU より対応する油圧ソレノイドバルブを PWM 制御する。ギヤの切替によるパワートレインの加減速により、慣性モーメント×加速度の力が車両にかかり、急速な変速ではショックとして体感される。

⑵シフトスケジュール

　どのギヤ比を選択するかはあらかじめ決められたシフトスケジュール

による。車両速度とアクセル位置の関数であり、テーブル（Map）になっている。例を図4-10に示す。少しのアクセル変化でギヤが頻繁に変わることがないようにヒステリシスをつける必要があり、アップシフト線とダウンシフト線と別々に設定される。

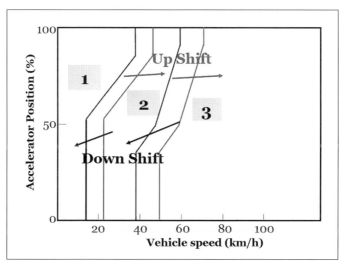

〔図4-10〕シフトマップのヒステリシス（AT）

４－２－２　無段（自動）変速機（CVT, Contimious Variable Transmission）

接触円間でのパワー伝達である。２つの円が直接接触しているトロイダル（Troidal）式とベルトでつながるベルト式がある。金属ベルトを使ったベルト式CVTが主に使われている。

４－２－２－１　金属ベルト方式CVT

楔形の金属板を積層してベルトとしたもので、押し力で力を伝える方

式（Push Belt CVT）が主流である。このベルトが入力側のプライマリ
プーリと出力側のセカンダリプーリに挟まれている。変速はこれらプー
リにかかる圧力（クランプ力）を制御して行う。

　圧力が増加するとベルトはプーリ径の外側方向に押されるので、アッ
プシフトはプライマリプーリ圧力増加、セカンダリプーリ圧力減少によ
りでき、ダウンシフトはこの逆である。

〔図4-11〕CVT の金属ベルトとプーリ
（大阪産業大学所蔵品）

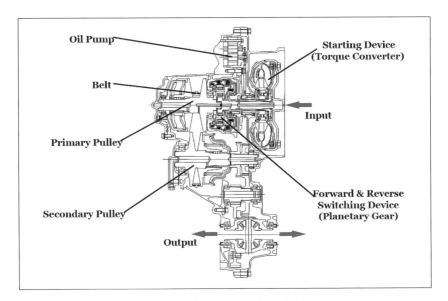

〔図4-12〕CVT の構造断面図

　動力伝達のためにはベルトがスリップしないことが必要で、必要最小クランプ力は伝達力（トルク×巻きかけ半径）に摩擦係数をかけたものである。これより大きな圧力がかかると摩擦損失が大きくなるが、ベルトスリップはCVT破損につながるので適切な余裕を設定して制御する必要がある。伝達力は伝達トルクの推定（原動機出力）と適切な摩擦係数（実験に基づく値）により計算する。

　変速比はプライマリプーリにかかるベルトの巻かけ半径 R_p とセカンダリの巻かけ半径 R_s との比である。

減速比 R_g は

$$R_g = \frac{R_s}{R_p}$$ ・・ (4.12)

この時プライマリプーリ側でトルク T_p が発生しているとすると、ベルト張力 F_t は、張力×半径＝トルクであるため

$$F_t = \frac{T_p}{R_p} \quad \cdots\cdots\cdots\cdots\cdots\cdots\cdots\cdots\cdots\cdots\cdots\cdots\cdots\cdots\cdots\cdots\cdots\cdots\cdots (4.13)$$

であるので、ベルトとプーリの摩擦係数を μ とするとベルトスリップが発生しないベルトを挟む力（クランプ力）F_c は次の関係である。

$$F_c \geqq \frac{F_t}{\mu} = \frac{1}{\mu}\frac{T_p}{R_p} \quad \cdots\cdots\cdots\cdots\cdots\cdots\cdots\cdots\cdots\cdots\cdots\cdots\cdots\cdots\cdots (4.14)$$

この力は CVT の損失要因であるので、入力トルクを予測して最小限の圧力に維持すべきである。クランプ力は油圧シリンダ圧力に比例するので、油圧シリンダへ供給する油圧制御弁を PWM 制御する。PWM 方式の油圧制御は 4.3 章で説明する。

4－2－2－2　トロイダル（Toroidal）CVT

　変速は異なる半径の円の接触によるが、トロイダル CVT では半球の直接接触による。この原理による変速機は古くから提案されており、日産から高級乗用車に搭載されて市販されていたがモデルチェンジで市場から消えた。金属球面の点接触で動力伝達されるので、接触点間の摩擦係数の計測やこの摩擦係数を一定に維持できる潤滑油（動力伝達油）の開発が技術的に重要である。変速制御は CVT と同様で直接変速比を目標にするのでなく入力回転速度を制御する。

〔図4-13〕 トロイダル CVT の構成例 [3]

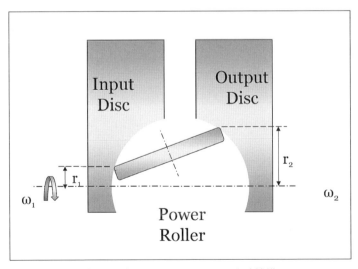

〔図4-14〕 トロイダル CVT の変速機構

4－2－2－3　変速制御

　CVT は連続的に変速比を制御するため入出力歯車対を油圧で切り替えるAT の変速制御と異なる。市販されている金属ベルト式CVT を例に変速制御を説明する。

(1) クランプ力制御

　プライマリプーリ軸とセカンダリプーリ軸の間の距離は決まっており、またベルトの周長さも固定されている。ベルト断面はくさび形をしており、プライマリプーリのクランプ力とセカンダリプーリのクランプ力とのつりあいにより、ベルトは半径方法に動く。これら2つのクランプ力はプーリを押し付けている油圧シリンダの圧力に比例する。

　ベルト張力を維持する最低圧力以上で2つのシリンダは油圧制御されている。このプライマリ側の油圧をP_{p0}、セカンダリ側の油圧をP_{so}とする。この値を釣り合い状態から増加させる（例えば$P_{p0} + \Delta P$）とベルトは外側に押し出される。

　そのため、ECU より対応する油圧ソレノイドバルブをPWM制御する。ギヤの切替によるパワートレインの加減速により、慣性モーメント×加速度の力が車両にかかり、急速な変速ではショックとして体感される。

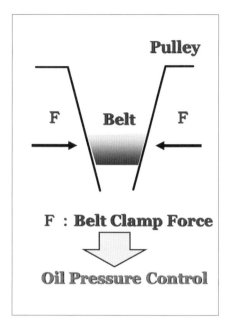

〔図4-15〕 ベルトのクランプ力制御

（2）シフトスケジュール

　どの変速比を目標するかはあらかじめ決められたシフトスケジュールによる。制御目標は減速比でなくプライマリ軸の速度であり、これは車両速度（セカンダリ軸速度）とアクセル位置の関数であり、テーブル(Map) になっている。例を表に示す。少しのアクセル変化で変速比が頻繁に変わることがないようにヒステリシスをつける必要があり、アップシフトとダウンシフトが別々に設定される。

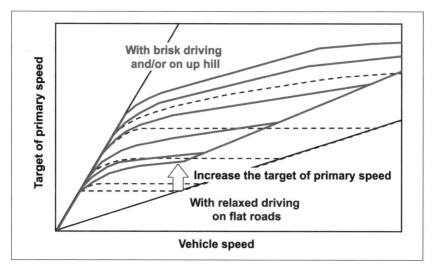

〔図4-16〕目標ギヤ比（プライマリープーリ速度制御）

4-3　油圧制御

4-3-1　ソレノイドの動作原理

　磁界内の電流に力が発生する原理はモータと同じであるが、ソレノイド（Solenoid）は直線運動の力を出力する。ソレノイドの構造を図4-17に示す。動作は機械系と電気系を連立に考える必要があり、(4.15 ～4.18)式で表せる。

$$-m\ddot{x}-c\dot{x}-kx+f=0$$
$$f=K_T I_a$$
$$-L_a \dot{I_a}-R_a I_a-E+V_a=0 \qquad \cdots\cdots\cdots\cdots\cdots\cdots\cdots\cdots (4.15 \sim 4.18)$$
$$E=K_E \dot{x}$$

　ここで m：可動鉄芯質量、x：変位、C：粘性摩擦係数、k：ばね定数、f：駆動力（電磁力）、K_T：力定数、K_E：誘導起電力係数、I_a：電流、V_a：電源電圧

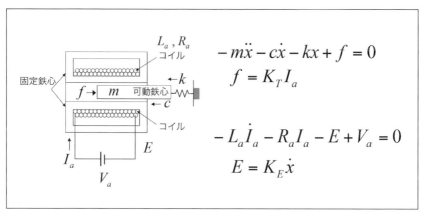

〔図4-17〕ソレノイドの構造

　ソレノイドのプランジャはばねの力と電磁力が釣り合う位置に静的に止まる。発生する電磁力は電流に比例する。これは回転モータと同じである。この電流制御は PWM である。

電気回路要素	数値と単位
L_a	95×10^{-3}[H]
R_a	32 [Ω]
K_T（力定数）	2.8[N/A]

〔表4-2〕自動車用ソレノイドバルブの回路定数の例

　ソレノイド弁においても誘導起電力が発生する。図 4-18 では電流が流れ始め、その電流による電磁力がばね力より大きくなるとプランジャが動き始める。その後速度上昇に伴い誘導起電力が発生して電流が減少する。ソレノイド弁が全開となりプランジャが停止すると、誘導起電力がなくなり、再び電流が増加する。

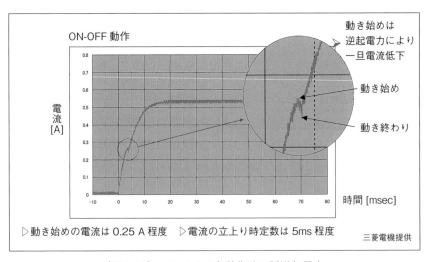

〔図4-18〕ソレノイド弁動作時の誘導起電力

4－3－2　ソレノイドバルブによる流量制御 圧力制御
（開口面積制御，開口時間制御）

　ソレノイドバルブ（電磁弁）は流量制御と圧力制御の両方に使われる。CVT の変速比制御や燃料噴射量制御が代表的な用途である。開度制御と開口時間制御が適用される、前者はある開度近傍で弁が PWM 周波数で微小変動し、後者は全開と全閉の繰り返しであり、弁の動作は全く違う。有効な流量／圧力は PWM デューティつまり時間当たりの開口面積である。

4－3－3　弁開度の PWM 制御

　弁の動的開度（プランジャ位置）挙動は PWM 周波数と総合時定数（電流応答の時定数＋機械的時定数）の大小関係に依存する。PWM 周波数が総合時定数に比べ十分低いと弁は開／閉の動きをし、前者が高くなると弁はある位置周辺に留まる。時定数の逆数が定常値に対して 63% 応答の時間である。PWM1 サイクル時間がこの 63% 応答時間より十分長いと弁が PWM 波形に追従できるので on/off 動作となる。その逆では弁は PWM の on/off 時間の比率（デューティ）の位置になる。位置の変動幅はリップル量として周波数特性のゲインから求めることができる。

　時定数 T のシステムでは時刻 0 にステップ入力があっても、T 秒後には定常の 63% の出力しか得られない。周期 f で電源電圧 V と 0 が繰り返されるような入力に対し、f が時定数の逆数より十分小さいと（たとえば $T=0.1$, $f=1.0$）出力は入力に追従できるが、f が時定数の逆数より十分大きいと（たとえば $T=0.1$, $f=100$）追従できず、ある一定値の

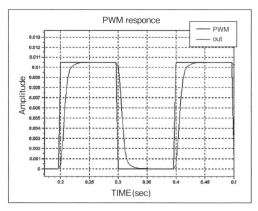

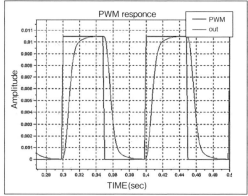

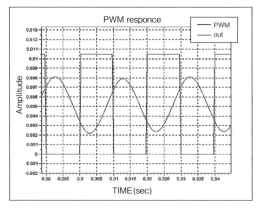

〔図4-19〕スイッチング周波数の増加と応答波形

付近で小幅に変動するだけになる。スイッチングの周波数が増加するに従って応答波形は図4-19のようにon/offに追従できるところから、振幅が減り位相が遅れるようになる。

　これを利用するとPWMの幅（デューティ%）を変えることで定常電流値をスイッチング素子のみで制御できる。ソレノイド弁に適用すると、インジェクタのような開／閉の2状態制御や比例流量制御弁のように目標開度追従制御が実現できる。

（1）弁開度の比例制御

　これはトランスミッションのクラッチなどの油圧制御弁や内燃機関のEGR流量制御弁に用いられる。

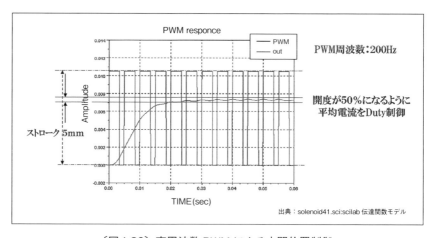

〔図4-20〕高周波数PWMによる中間位置制御

(2) 弁開度の全開 / 全閉制御

　これは内燃機関のインジェクタの噴射量制御に用いられる。また内燃機関で使われている流量 / 圧力切り替え弁に用いられる。

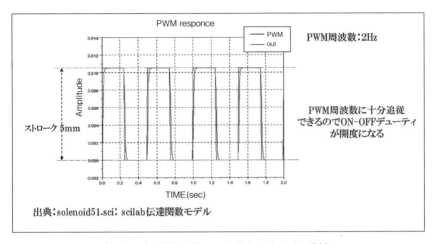

〔図4-21〕低周波数 PWM によるオンオフ制御

4－4　動力分配装置

4－4－1　車輪間の速度とパワーの分配

　駆動輪では旋回時に外側の車輪の速度が内側車輪のそれに比べ高い必要があり、そのための駆動系に差動歯車装置（Differential gear）が組み込まれている。差動歯車装置は遊星歯車機構と同じ動作である。遊星歯車の公転が入力速度に比例している（正確には入力のピニオン歯車からリング歯車間で減速）。そしてタイヤ（差動歯車機構の出力軸に固定されている）の速度差に応じて遊星歯車から出力軸へ速度が分配される。

　しかし駆動力の制御（制限）がされていないので、片側の車輪が滑りやすい路面にのり空転を始めると収束しない。それを防ぐ目的で機械的な LDS（Limit Slip Differential）がある。LSD を多板油圧クラッチで構成し、その油圧を制御すると電子制御 LSD が実現できる。これは左右輪の間でも AWD での前後輪間での駆動力分配ができる。このクラッチ制御は 4.3 章で説明した PWM による油圧制御である。

4－4－2　遊星歯車機構による駆動力分配

　遊星歯車機構を用いた AT では変速比を固定するため、出力軸のうちどちらかがブレーキで停止している。遊星歯車機構ではどの軸でも入力（駆動）と出力（負荷）になることができる。この構造を生かして、3 軸のそれぞれに内燃機関、発電機と電気モータを接続すると、双方向のパワー移動と速度同期ができる。この用途ではどれかの軸が停止する必要がないので、速度は（4.11）式で決めなければならない。

　トヨタ方式の遊星歯車機構による HEV の動力分配機構ではサンギヤ

は発電機（MG1）、遊星歯車軸には内燃機関、そしてリングギヤには駆動モータ（MG2）が接続されている。駆動モータは車両速度と最終減速機を介して同期している。この接続で車両停止時の内燃機関の運転、車両走行時の内燃機関の停止が可能になっている。これら1軸が停止している場合には、サンギヤは表4-1に示されるギヤ比で運転する必要があり、車両走行中は発電機（MG1）をその速度に制御する必要がある。駆動モータ（MG2）はアクセルに対応した出力（主にトルク）で決まる速度で運転される。

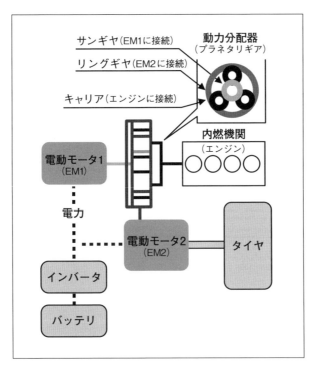

〔図4-22〕遊星歯車機構 による駆動力分配機構[4]

4－4－3　車輪間の動力分配
（複数モータによる、インホイールモータも含む）

電動車両で、左右独立電動機で駆動できるとそれぞれ独立にトルク制御すると LSD 機能が付加できる。インホイールモータ（In Wheel Motor）では車輪間の駆動を変更して、ある車輪を中心とする力のモーメントを発生させ、旋回運動制御をする例が見られる。図 4-22 の例では左右の車輪中心間距離を 2r とすると、発生する力のモーメントの大きさ M_f は

$$M_f = (F_r - F_l)\, r \qquad\qquad (4.19)$$

である。これにより積極的な車両運動制御が可能になる。

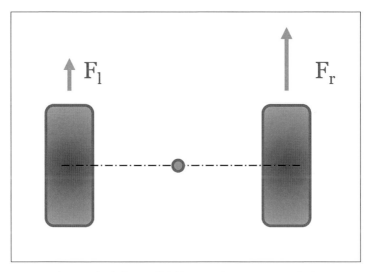

〔図4-23〕左右の駆動力差による力のモーメント発生

第 5 章

燃費排ガス法規制とエネルギ管理

5－1　世界の排ガス試験サイクルと規制

　内燃機関から直接排出される排気ガスには HC, CO や NOx などの人体に有害な成分が含まれる。この排気ガスから有害成分を取り除く触媒を中心とした排ガス処理システムが自動車に搭載されている。この排ガス処理システムの性能が法律で決まった基準を超えないと、公道を走る自動車として世界のほとんどの国で販売できない。排ガスの計測は実際に自動車を走行させて行われ、走行方法と計測方法が定められている。図 5-1 に示す各国の試験サイクルは回転できるローラ上に実車両のタイヤを置き、車両が前進後退しない状態で走行できるシャーシダイナモ上で行われる。

　走行条件は、(1)走行の目標速度、(2)目標速度に対する許容誤差、(3)走行開始時の車両温度や充電状態、(4)乗員と燃料を含む車両質量および(5)走行抵抗である。これについて乗用車用には世界で主に 4 方式があり、EU の NEDC（New European Drive Cycle）、米国の FTP75（Federal Test Procedure 75）、日本の JC08、世界基準として採用が期待される WLTC（Worldwide Harmonized Light Vehicles Test Cycle）がある。それぞれのサイクルの目標速度と第 1、2 章で記述した数値の車両でその目標速度を走行した時の必要動力（計算値）を図 5-1 に示す。

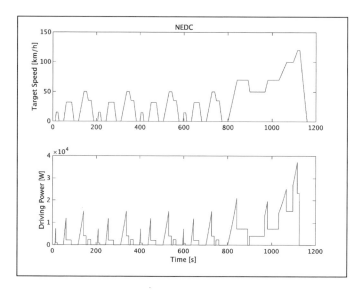

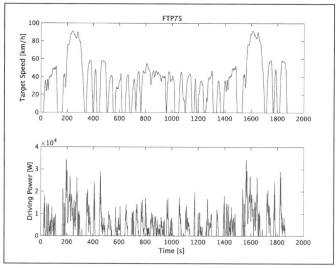

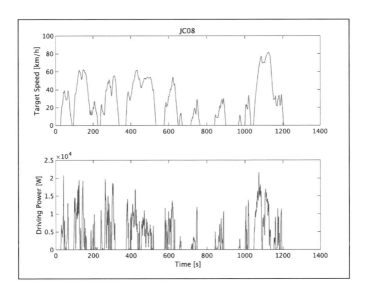

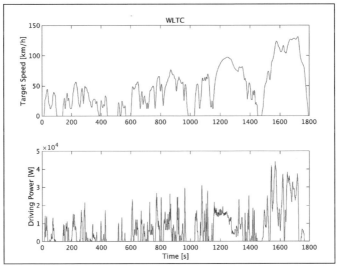

〔図5-1〕世界の排ガス試験サイクルと必要走行パワー

　試験方法は日本をのぞくと、欧州方式か米国方式かの2者択一である。燃費排ガス試験の手順を統一する目的で WLTC（Worldwide harmonized Light vehicles Test Procedure, 2014 年国連欧州経済委員会自動車基準調和世界フォーラムで採択）がある。日本は 2019 年以降この試験手順に切り替えているが、EU ではそれほど進んでいるとはいえない。

　しかしこの試験サイクルで計測した排ガスにどの規制基準を適用するかは各国によって異なる。たとえば米国のカリフォルニア州では他の州より規制値がきびしく、同じ EU 試験サイクルを用いる欧州と中国では，欧州の規制がきびしく、中国は数年以上古い規制値を追いかけている状況である。また規制値がない国もある。

　燃費は同一車両で試験サイクルにより異なる。単位距離あたりの必要仕事量が多いほど燃費は悪くなる。表5-1 に示す結果から各試験サイクルの必要仕事および最大パワーを示す。最高速度とその速度への加速度の大きさが一番寄与する。日本では JC08 サイクルと WLTC サイクルの燃費が併記されていることがあり、これを見ると試験サイクルにより燃費が異なることが定量的に理解できる。

試験サイクル名	距離(km)	時間(s)	平均速度(km/h)	最高速度(km/h)	最大パワー(kW)	総仕事量(MJ)	距離あたりの仕事量(kJ/km)
NEDC	11.01	1180	33.6	120	37	5.27	479
FTP75	17.86	1877	34.2	91.2	34	8.61	482
JCo8	8.17	1204	24.4	81.6	21	3.69	452
WLTC	23.26	1800	46.5	131.3	43	12.92	555

〔表5-1〕排ガス試験サイクルの必要最大パワーと総仕事量比較

型式	原動機	動力伝達機構	車両質量 [kg]	WLTC 燃費 [km/L]	JC08 燃費 [km/L]
6AA-ZWE213H	電動機 PMSM 53kW 1.8L ガソリンエンジン72kW	CVT (E) 遊星歯車機構による動力分配	1390	25.6	30.0
3BA-NRE210H	1.2L ガソリンエンジンTC, 85kW	CVT (E・LTC)	1340	16.4	18.0

WLTC 燃費は型式認証の値（自動車燃費一覧（令和 3 年 3 月））

JC08 燃費はトヨタ自動車カログによる

〔表5-2〕JC08 と WLTC における燃費の違い例（トヨタカローラスポーツ）

5－2　燃費と排ガス計測方法

5－2－1　燃料をエネルギ源とする（内燃機関と HEV）車両

　排ガスおよび燃費は排気ガスを集めて、そこから分析される。HC、CO と NOx は直接計測値から得られる。燃費 L/100km や km/L は排ガス CO_2 より求められる。ガソリンエンジン車両では次の関係式である。[1]

CO_2 排出量（g-CO_2/km）＝

$\quad$（1÷燃費値（km/L））^{*1} × 34.6（MJ/L）^{*2} × 67.1（g-CO_2/MJ）^{*3}

*1：燃費値の 1 km 走行当たりの燃料使用量（L/km）
*2：ガソリン 1 L 当たりの発熱量（MJ/L）
*3：ガソリンの発熱量当たりの CO2 排出原単位（g-CO2/MJ）

　HEV の場合、電池の残存容量 SOC は試験開始と終わりは同じでなければならないことから、走行エネルギは全て燃料からまかなわれる。燃費は内燃機関のみの車両と同様に計測される。

5－2－2　電気エネルギ（外部より供給）車両（PHEV 及び BEV）
（1）BEV

　満充電状態から試験サイクル走行し、終了後に満充電して走行するのに消費した電気量を計測する。そしてその消費電気量と走行距離から kWh/km([J/km]) を求め、燃料の発熱量をもとにこの値を燃料 L/km に換算する。

（2）PHEV

　電気で走行する燃費の求め方は BEV と同じ。燃料を使って走行する

燃費は内燃機関と同じように計測する。BEV として走行できる距離と
総走行距離との比によりこれらを按分する。

5－3　OBD

　OBD（On Board Diagnosis）は触媒，吸入空気量センサ、酸素センサ、EGR システムなど排ガス浄化システムの部品が排ガス性能が悪化するほど劣化していることを、車載状態で検知する機能である。劣化が検知されると運転席に表示されるとともに、故障状態が詳細に記録されて整備工場で故障診断ツールを用いて読み出され、整備につなげるものである。米国ではカリフォルニア州で 1991 年 OBD Ｉが導入され、1995 年

JOBDI 検出項目（断線の検知）	OBD Ⅱの診断項目 との対応
酸素センサ又は空燃比センサ	(3),(5),(9)
酸素センサ又は空燃比センサのヒータ回路	(3),(5),(9)
大気圧センサ	(5),(9)
吸気圧力センサ	(5),(9)
吸気温度センサ	(5),(9)
エアフローセンサ	(5),(9)
冷却水温度センサ	(5),(9)
スロットル開度センサ	(5),(9)
シリンダ判別センサ	(5),(9)
クランク角度センサ	(5),(9)
排気二次空気システム	(6),(9)
一次側点火システム	(9)
その他故障発生時に排気管から排出される一酸化炭素等の 排出量を著しく増加させるおそれがある部品及びシステム	(9)

※一部、断線以外の検知も含まれる。

〔表5-3-1〕OBD Ｉ診断要求項目 [2]

より全州で OBD II が導入されている。欧州と日本では 2000 年 OBD II が導入されている。中国でも 2005 年 12 月より導入されている。

　対象部品が多いのに加えて検知すべき現象が多様であり、エンジン・トランスミッションコンピュータの中でも大きなプログラム量となっている。そして開発工数も膨大になっている。

診断項目	診断方法		
(1) 触媒劣化			閾値診断
(2) エンジン失火		機能診断	閾値診断
(3) 酸素センサ又は空燃比センサ 　（それらが触媒装置の前後に設置されている 　場合は、両方）の不調	回路診断	閾値診断	
(4) 排気ガス再循環システムの不良		機能診断	閾値診断
(5) 燃料供給システムの不良 　（オーバーリッチ／オーバーリーン）		機能診断	閾値診断
(6) 排気二次空気システムの不良		機能診断	閾値診断
(7) 可変バルブタイミング機構の不良		機能診断	閾値診断
(8) エバポシステムの不良	(回路診断)	機能診断	
(9) その他車載の電子制御装置と 　結びついている排気関連部品の不良	回路診断		

回路診断：電気回路に断線等が発生していないかを診断するもの
機能診断：排出ガス対策装置が自動車の製作者の定めた動作基準を満たしているかを
　　　　　診断するもの
閾値診断：JC08 排出ガス値又は WLTC 排出ガス値が OBD 閾値を超えることがないかを、
　　　　　個々の部品・装置・システムの機能について診断するもの
OBD が異常を検知した場合には DTC を記録し、警告灯が点灯

〔表5-3-2〕OBD II 診断要求項目[2]

5－4　エネルギ管理

5－4－1　原動機の効率

　内燃機関では熱損失が最大であるが、出力増大にともないその損失割合は増える。摩擦損失は最大図示仕事の約 15 ～ 20% 程度で負荷（トルク）に対してほとんど変わらず、負荷が減るに従い割合が多くなる。つまりアイドル運転では図示仕事と摩擦損失が等しくなり、出力 0 で効率 0 になる。ガソリンエンジンでは最大効率は 30 数 % である。

　一方電動機では負荷が高くなると抵抗による損失が大きくなり、この損失は電流（出力トルクに比例）の 2 乗に比例する。制御された電動機では取り出せない場合があるが、最大パワー取り出し（制御なし）時には効率 50% であり、始動時は効率 0 である。また始動時には電流制限をしないと電動機の巻線が焼損することがある。高速での低トルク運転では効率 90% 以上が得られる。図 5-2 に効率の比較を示す。

　図 5-2 の右側は燃料消費率（specific fuel consumption）である。内燃機関のエネルギー変換効率 η は

燃料の発熱量を Q_f[J/kg]、燃料消費率を m_{sfc}[kg/kWh] とすると

$$\eta = \frac{3.6 \times 10^6}{Q_f m_{sfc}} \qquad \text{..} \quad (5.1)$$

である。

　図 5-2 の最良燃費 0.26[kg/kWh] は $Q_f = 43.9$[MJ/kg] とすると $\eta \cong 0.32$ となる。

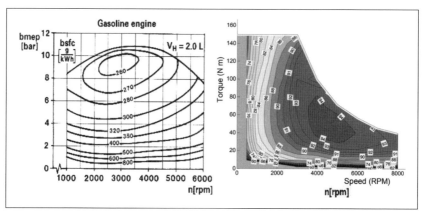

〔図5-2〕内燃機関と電動機の運転点による効率比較 [3][4]

5−4−2 エネルギ蓄積による発生と消費の分散

　車両走行の駆動力と速度から必要パワーが決まる。走行状態を維持するために原動機はこのパワーを供給する。変速比が任意に取れる変速機が付いていれば、原動機は最大効率となるトルクで運転できる。エンジンでは一般に図5-3に示すように最大トルク付近である。

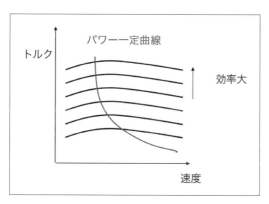

〔図5-3〕要求パワーに対する運転点の変更可能範囲

　原動機の最大パワーは高速での追い越し加速や急坂の登坂でないと必要でなく、通常走行では大きなパワーは必要がない。また変速機の変速比幅は 10 倍もなく、エンジンはアイドル速度以下（望ましくは1000rpm 以下）での安定運転はできないので、通常走行では低い効率でしかエンジンを運転できない場合が多い。

　原動機で発生する機械仕事を電気エネルギに換えて電池に蓄えることができ、この電気エネルギが再び車両の駆動力として使われるならば、内燃機関は最大効率点で運転できる。これが原動機にたいする負荷の時間的分散である。これはシリーズ HEV として実現されている。HEV は基本的にこの原理で運転されている。電動機の場合前述のように最大電流時には効率が低くなるので、変速機があれば運転速度の変更ができ、内燃機関による駆動パワーの補助があれば出力トルクを下げられる。走行に必要な駆動パワーを内燃機関と電動機から同時に供給できれば、どちらかで最大パワーに対応する必要がないので、単独原動機の容量を下げられる。つまり一定速度走行時の出力と高速で加速する最大出力の比率を下げられ効率向上につながる。これは出力の空間的な分散であり、シリーズ・パラレル HEV として実現されている。

駆動電動機を減速時に回生制動させて、運動エネルギを幾分か回収することができる。これは全ての HEV で使われている。

　一部のレーシング車両では減速時に運動エネルギをフライホイールに蓄積するシステム（Kinetic energy recovery system , KERS）が採用されている。これは機械的なエネルギ貯蔵システムを持つハイブリッド自動車であり、Hybrid Propulsion System（HPV）と呼ぶべきであろう。またエネルギー回収システム搭載に対し空間に余裕のある商用車では減

速エネルギを圧縮ガスに蓄積するシステムも開発されている。

５－４－３　原動機出力の最適管理

５－４－３－１　最適管理の背景

　走行に必要な駆動力は時系列の目標速度が決まればそれに対応して決まる。そのため排ガス試験サイクルでは必要な駆動力は制御の対象外である。ただし運転の仕方、つまりアクセルの踏み方により多少変動するが、その影響は大きくない。（図 7-5 の説明参照）

　動力エネルギ発生源である内燃機関は摩擦トルクが発生トルクに関わらずほぼ一定のため、高トルクで運転する方が効率はいい。高負荷運転が望ましい。燃料電池では高電流になると抵抗損失が増えるので最大出力では効率は低下する。

　制約条件は電気エネルギを蓄積する電池の容量である。つまり電池の容量が非常に大きいと内燃機関や燃料電池は最大効率点で運転を続けばいいことになるが、電池容量は限られているのでどの時刻でどれだけの時間発電するかが効率向上の鍵となる。燃費最良化問題である。ある試験サイクルに対してはしらみつぶしに調べれば最適解が得られるかもしれないが、一般の走行については将来の消費量が予測できないのでそれが適用できない。例えばエネルギを消費するだけの登りがあれば、エネルギを回生できる下りがあるが、いつそれがあるか地図がなければ予測できない。長い下り坂では電池容量いっぱいに充電してしまうこともありうる。

　電池の容量に対する充電率（SOC）の上下限を超えないことが発電に

対する絶対的な制約である。

５－４－３－２　計算機シミュレーションによる最適発電制御の探索

　運転方法により燃費の差が少ないことから、計算機シミュレーションの燃費予測に基づく最適発電制御が研究開発されている。最適化目標とする時系列速度が決まれば、それに対する消費エネルギは容易に計算できる。速度列ベクトルを用いると計算は高速にできる。それに対してトランスミッション効率、電動機効率とエンジン効率をかけると供給エネルギが求められる。この方法では刻々の発電量(発電0を含む)のパターンを変えて、最適パターンを高速に探索できる。

　発電制御則（どの条件で発電するか）が固まれば、運転者モデルによりアクセルブレーキを操作して排ガス試験サイクルなど目標速度に追従して車両を走行させて燃費を求めることができる。これは時間がかかる計算である。この方法で必要なパワートレイン - 車両モデルは第7-3章で説明する。

５－４－３－３　経験的な制御方法

　燃費予測あるいは燃費最適化原動機運転制御は目標の速度系列がなければできない。そのため、車載 ECU の計算能力（どのような環境条件でも信頼できる性能が必要なので、PC より計算速度は低く抑えられている）が上がっても実時間での最適制御探索はできない。地図で検索した目的地があっても、速度目標がないので、同様に実時間最適化はできない。

　もし安定して目標速度のとおりに自動運転ができるようならば最適制

御探索はできるかもしれない。現実的には経験則に応じた組み込みのパワートレイン制御が使われる。

　原動機が内燃機関のみであれば、最良燃費領域に入るよう高速ギヤを多用するパワートレイン制御（変速制御）が行われる（通常の運転モードまたはエコノミーモードとして選択できる）。これと別に駆動力余裕を多く持つパワーモードが通常備わっている。

　ハイブリッド電気自動車では
・SOC の不足率に比例して発電する
・使用パワー（容量減少の時間微分）比例で発電・充電する
などの方法がある。

　またこれらを組み合わせた経験的なものが使われている。

第6章

運転制御と快適性

エンジンの出力増大が進んでもまだ人間がクランク軸を直接回してエンジンを始動していた頃、エンジン始動には大きな力が必要でまた始動が危険な作業であったので、誰でもすぐに車を走らせることができなかった。1900年代の初頭電気自動車は始動が容易だったのでこの点で好まれた。エンジンがモータで始動できるようになると運転操作に必要な力がそれほど必要ではなくなった。それでも停止または低速でのステアリング操作は力が必要で、アクセルの踏み込み力は大きく（アイシング防止のため強いばね力でスロットルを戻していた）、マニュアルトランスミッションの滑らかなギヤシフトには技巧が必要であった。力が必要な操縦装置は誰にでも精度の高い適切な操作が運転のいるというわけではない。そうしたことは運転の快適性を損なうだけでなく、走行の安全上も望ましいものではなかった。多くの自動化は運転支援技術としてあるいは快適性をも実現するものとして取り入れられ、自動で走行できるところまで来ている。

6－1　自動化のための駆動力制御

6－1－1　駆動力制御技術の歴史

　自動で自動車を走らせる自動運転は駆動力制御（駆動と制動）と操舵制御からなる。駆動力制御の一つの形態である速度一定制御 Auto Cruise は 1958 年に Chrysler 社により市場導入され（名称「Auto-Pilot」）、北米市場を中心に広く普及していった。アクセルが電子制御されていない当時のエンジンでは、アクセルケーブルに並行してスロットルを開閉するアクチュエータが必要であり、その多くは空気圧駆動であった。そして 1990 年台に電子スロットルが普及するまでその形態は続いた。

　2010 年頃から自動運転車の公道試験が米国で始まる。Google は初期より開始しているが、自動車メーカではないので車両あるいはパワートレインを一から開発しているわけではない。というより市販車両の車両制御システムをそのまま利用している。図6-1 に Google の試験車の写真を示す。トヨタ HEV の屋根にレーダを搭載していることが分かる。駆動力制御系や操舵制御系が新たに開発搭載されたのでなく、元になった市販車の制御系が利用されている。この頃になると市販車でも制御コンピュータ間の通信が標準化され（ CAN, Control Area Network）、それが利用できるようになっていた。

　目標とする制御量（例えばトルク）をネットワーク上で通信してエンジン ECU で実現できるということである。またステアリング ECU に操舵角を送信すれば操舵用タイヤの向きを変えることができる。これはインターネット経由で自動車の遠隔操作が可能であるということで、クライスラーの Jeep のステアリングホイールがハッカーにより遠隔操作

されるビデオが公開されている。

〔図6-1〕Google 自動運転公道試験車

6−1−2　自動運転に必要な駆動力制御システム

　自動車の運転では目標速度を維持するあるいは加速するために駆動力
を調整している。ガソリンエンジンの出力調整はスロットルバルブであ
るが、人間の運転の場合出力指示はアクセルペダルで 1990 年代終わり
ころまでアクセルとスロットルは金属のケーブルで直接接続されてい
た。このころより新型車ではスロットルバルブが電気モータで動かされ
るようになり、これを Drive-by-wire（DBW）と呼ぶ。さらに Shift by
Wire, 電動車両の回生制動では Brake by Wire が普及しており、これら
を X-by-Wire と呼ぶ。これらのシステムが LAN（自動車では Control

Area Network, CAN）で結ばれると、自動運転の基本車両ができる。これは制御操作の基盤であり、あとは認知と判断・指示のためのセンサとコンピュータがあればいい。運転支援および自動化の技術はこの認知と判断機能を重点的に開発されている。

　図6-1は初期のGoogleの公道での自動運転試験車の外観で、トヨタの市販車両が元になっていることが示されている。その車ではCANを介してエンジン、ブレーキとステアリングは制御可能となっている。

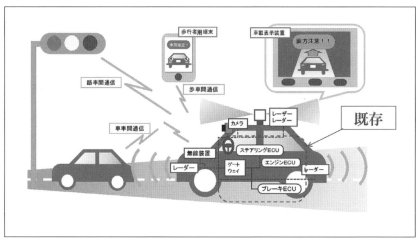

〔図6-2〕自動運転のための基盤車両 [1]

　自動で動かさなくても、X-by-Wireが採用されている車両ではアクセルやブレーキは駆動力／制動力または駆動パワー／制動パワーを示すと解釈して、それに応じて原動機の出力トルクを制御することが広く行わ

れている。

　そこで原動機のトルク制御について説明する。

６－１－３　原動機のトルク制御

６－１－３－１　内燃機関のトルク制御

　内燃機関の出力トルクは１サイクルあたりの仕事に比例する。正確には図示仕事から摩擦仕事を引いた正味仕事に比例する。仕事のもとになるエネルギーは燃料から発生していて、この図示仕事は１サイクル中に燃焼した燃料質量（＝供給燃料質量）にほぼ比例する。これは(2.30)式と元になる実験値のグラフ（図2-15）でも示されている。熱発生がクランク角のどの位置で起こるかにより機械的出力（トルク）は異なる、ガソリンエンジンの点火時期やディーゼルエンジンの噴射時期により大きく異なるが、MBTをもとにしたエンジンキャリブレーションが完了した市販エンジンでは１サイクル中の供給燃料量に対して出力トルクはほぼ一義的に決まる。

　そこで燃料質量を制御すればいいかというとそれはできない。乗用車用内燃機関として広く普及しているガソリンエンジンでは理論空燃比で燃焼させる必要があるが、燃料を先に供給してそれを理論空燃比にするよう空気を供給することはできない。そのため、目標トルクに対応する燃料質量流量を決め、そしてその燃料に対応する空気質量流量を決めなければならない。その質量流量は空気量操作手段であるスロットルバルブを通過する空気流量である。そこから直接の制御量であるスロットル開度（あるいはスロットル角度）を決めなければならない。

　スロットルバルブ角度とスロットル通過空気質量流量はエンジンの運転速度に依存する。概念的には同じバルブ角度であってもエンジン速度が高くなると空気質量流量は減少する。この質量流量は近似的に(2.25)式で表され、流量係数 α が決まっていればスロットル角度は求められる。エンジン制御の実装には、

⑴実験によりエンジン速度一定でスロットルバルブ角度を変えて、出力トルクを計測し（図6-3）、マップ点（エンジン速度、トルク（あるいはMAP）、スロットル角度）のデータ決め、
⑵運転領域全体のマップ点から制御用のマップを作成
⑶トルク制御実行時に内挿や外挿により目標とするスロットル角度を決める制御を設計する手順が取られる。

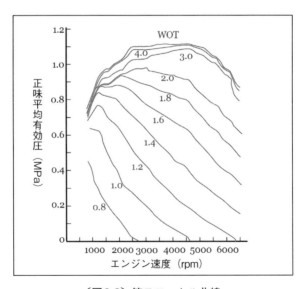

〔図6-3〕等スロットル曲線

ディーゼルエンジンでは理論空燃比の制約はない。噴射量を少なくする方向には自由に制御できるが、燃料に対して空気が理論空燃比より多くても燃料が酸素と十分に反応できずスモークが発生する。これは許容されない。このスモーク発生の下限の空気過剰率は約1.3である。つまり理論空燃比よりも1.3倍の空気が必要である。ターボ過給をする場合、過給圧が定常値に上昇するまでは燃料を増加することはできない。

　燃費向上のためにEGRが導入されているとさらにEGR率がパラメータとして必要になる。

　これは目標トルクのフィードフォワード制御部分であるが、生産ばらつきの補正のためには目標空気質量流量（あるいは1サイクル流量）に対してエアフローセンサによる実測空気質量でフィードバックを行う。出力トルクの指標はインジェクタ噴射燃料質量（kg）／サイクルあるいは空気質量流量（kg）／サイクルであり、質量流量（kg/s）ではない。

　2章で説明したように、スロットル通過空気質量は吸気マニフォルドに蓄えられ、その密度に比例して燃焼室に入る。つまりスロットルバルブを動かし、空気流量が変わってもそれはその時刻に燃焼室に入った質量ではない。空気搬送の伝達関数モデルを用いて、適当な補償器を作りスロットルバルブ開度を制御することが必要である。

　しかし、伝達関数の逆関数を用いて燃焼室に入る空気質量の応答を早くすると（定常的にはスロットル開度の少し増加でいいが、まず全開にして目標開度まで絞るような制御）エンジントルク発生がステップ的になり、駆動軸のねじり振動を引き起こして、不愉快な加速ショックにつながる恐れがある。ねじり振動抑制は第6-3章の振動騒音で改めて記述する。

　ガソリンエンジンでは点火リタードにより、スロットル操作より速い応答でエンジン出力を減らすことができる。安定した出力低減量は約30％までである。トラクション制御への適用例がある。トルク低減には燃料噴射量を少なくする（リーンバーン）も適用できるが、三元触媒が働かないので、緊急避難的な利用以外の適用はできない。

6－1－3－2　電動機のトルク制御

　乗用車用駆動電動機として最も広く使われている永久磁石同期電動機を対象とする。その出力トルクは電機子回路を流れる電流に比例する。電流を直接制御することは大電流になると困難になるため、印加電圧のスイッチング制御により平均電流を変更する。電圧スイッチング制御のPWM周波数はトルクリップルやPWM周波数の聴感ノイズを考慮して決められる。例えば2kHzである。

　目標トルク変化に対する制御された電流の応答は十分速いので、目標トルク変化がステップ的であると駆動軸のねじり振動を引き起こすことは内燃機関の場合と同じである。

　電動機の場合出力の制約は巻線の温度（絶縁材料の耐熱温度）であり、その温度は発熱量（損失パワー）と放熱量の積分値で決まる。そこで電動機の場合は内燃機関と同様な連続出力以外に短時間許容出力がある。短時間であれば、機械的に許容される出力トルクが取り出せるということである。これをトルク制御の目標値にできるかどうかはシステム設計の考え方による。電動機の発熱量は出力パワーに依存するが、電動機のパワーは制御できない。電動機速度は車輪速度に支配されており、直接制御できないからで、出力トルクのみ独立に制御できる。その結果車両

は加減速され、速度が決まる。

６−１−４　パワートレインの駆動力制御

６−１−４−１　電動機とエンジンの駆動力分配

　シリーズ HEV では駆動力は電動機が発生する。発電のためにエンジンを動かすのは SOC が一定値以下になる時で、この時の原動機の運転は最大効率点である。電動機出力によっては SOC 減少率が大きくなり、発電を行うこともある。

　シリーズパラレル HEV ではエンジンと電動機が同時に運転されて、それらの出力によりタイヤが駆動される。さらにエンジンの効率を上げるため、発電機負荷が同時にエンジンにかかることがある。この場合エネルギの収支は電池への蓄積が含まれるので、エンジンと電動機で発生するパワーは車両駆動に必要なパワーとは一致しない。

　発生パワーの分配先は車両駆動が最優先である。駆動パワーは現在の速度を元に、勾配分と車両の加減速（自動走行のシナリオに基づいて決められる）を考慮して、走行抵抗の式を用いて計算される。これはフィードフォワード分である。さらに速度フィードバック分が加算される。この駆動パワーから駆動軸トルクが車両速度を元に求められ、そこから電動機トルクとエンジントルクに分配される。エンジン側にはこれに発電分が加算される。

６−１−４−２　動力伝達系との協調制御

　駆動が自動になった場合、駆動力の変化に対する感覚は運転者が自身で操作するよりより鋭くなる。シフトショックについての評価がATの場合にMTより厳しくなるのは運転者が操作していなくて突然にショックがあるためである。さらに駆動系の振動騒音は軽微であっても許容されにくいのは、エンジンは加速要求（出力増大）に反応することが期待され、力強い音が出ることも予期されるが、受動機器であるトランスミッションから音が出ることは全く予期されていないからである。特に電気駆動中のトランスミッション音（ギヤ音）については厳しい評価となる。これを考えるならば、駆動力制御目標はアクセル／ブレーキ操作に対して遅れなく応答することが必要であるが、適切に滑らかな変化をすることも同時に満たさなければならない。この駆動力目標値生成については、次の第6-2章にも関連する。

6−2　運転者を含めた制御システムとしての見方

　パワートレインは指示された出力を発生しそれをタイヤに伝達する。運転者が車両の走行状況を見て道路状況（規制や道路形状、走行車両）を考慮して出力指示を行う。パワートレイン制御の性能や挙動は運転者に影響を与える。航空機では制御系の挙動がパイロットの操縦に影響しあるいは干渉して重大な事故につながった例がある。これまで自動車ではHMI（Human Machine Interface）といえば速度計などの表示装置やシフトレバーなどの操作装置の位置や形状が対象であることが多かった。航空機の例を考えるならば、パワートレイン制御において人間の運転の判断や操作に影響する制御されたシステムの動的な挙動も考慮すべきである。

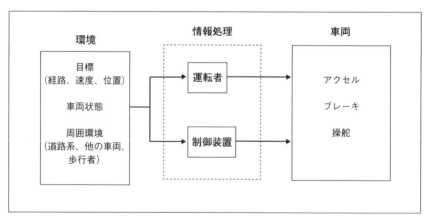

〔図6-4〕車両制御としての運転の概念

6−2−1　運転における人間の能力と制約

6−2−1−1　運転者モデルと運転操作の安定性

　運転者モデルが提案されるかなり以前から人間の応答性を定量化する試みは医学・生理学の分野であり 1930 年代から行われている。工場機械の運転者モデルは、1945 年の Bode のフィードバック理論の後に発展した伝達関数を用いて 1963 年に発表されている[2]。長年にわたって操舵を対象とした運転者モデルを研究している Macadem[3] や景山[4] は、1980 年代には NN（ニューラルネットワーク）のモデルを発表しているが，その後は明示的なパラメータモデルに変わっている。彼らは運転操作がフィードフォワードとフィードバックから構成される（2 自由度制御）[5] としているが、ゲイン（入力）と結果（出力）からはそうした区分はなく、機械制御の概念を適用したことになる。結果を見て修正する操作が成立するかどうかは、応答性に依存する。Macadem はレーンチェンジにおいて予見（先読み）による先行操作と安定性の研究結果を示した（図 6-5）[3]。

　景山らは運転操作の応答遅れを定量的に 0.3 秒程度と示していて、またこの数値は初心者と熟練者で大きく違うものではないと言っている。筆者らは速度追従運転においてフィードバック安定性の問題を定量的に示した[6]。また個人による技能の差を定式化定量化しようとする宮島らの研究[7] もある。そして、人間行動と習熟を関連させる Skill、Rule、Knowledge（SRK）モデルが運転者行動の解析に適用されている[8]。著者らは排ガス試験サイクルの運転における初心者と熟練者の操作挙動の差を計測評価した[9]。

人間の運転行動は認識系、判断系と操作系でモデルにでき、それらには遅れと誤差が含まれる。それについて松本らは評価している[10]。テストドライバーは運転専門家であり繰り返し正確な運転操作ができる[11]。

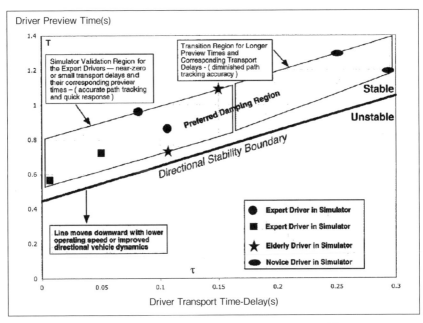

〔図6-5〕先読み (予見) と操舵の安定性の関係 [3]

6-2-1-2 運転操作におけるフィードバック安定性

人間が制御器である場合には応答性の制約により安定領域内ではフィードバック制御の効果が十分得られない、つまりむりやり誤差を補正しようとすると不安定になることである。

このことは簡単な安定性解析により容易に示される。目標速度追従制御は視覚情報に基づく制御でありこの情報には目標速度と現在速度の誤

差が含まれる。視覚情報の認識から運転者の操作までの間には時間遅れがある。景山らはこの遅れは 0.3 秒から 0.5 秒の間であり、学習や訓練によってそれが大幅に減少する事はないと報告している。フィードバックする制御の性能あるいは安定性は主にこの制御装置の応答性に依存する。電子制御装置の応答性は 0.05 秒のむだ時間と仮定でき、それに対して人間の応答性は 0.5 秒以上のむだ時間と考えられる。これらの周波数特性を図 6-6 に示す。安定性解析を簡単にするため両方の制御装置はゲイン 1 の比例制御と仮定している。制御系におけるむだ時間はシステムの安定性を著しく下げ、フィードバックによる補正可能量はこのむだ時間に反比例する。人間の応答はむだな時間と 1 次遅れからなると考えられ、それは伝達関数として（6.1）式の形で表される。

$$G_1(s) = \frac{K}{1+Ts} e^{-Ls} \quad \text{(6.1)}$$

　ここで　s：ラプラス演算子、$G(s)$：伝達関数、K：ゲイン、T：時定数、L：むだ時間

　この伝達関数を用いて人間の運転におけるフィードバック制御の安定性を解析した結果は図 6-6 に示される。電子制御システムは位相が－180 度を超える時に許容フィードバックゲインは 33dB ある。それに対して人間の制御システムでは同じ位相遅れに対して原余裕は 13dB である。速度制限システムにおいて必要な目標ゲインが 2 以上であるとすると電子制御上はまだ 26dB の安定余裕があるが人間の制御では 7dB の余裕しかない。これはまだ安定限界には達していないがもともと比例ゲイン 2.0 と言うのは速度追従誤差を小さくするためには不十分である[6]。

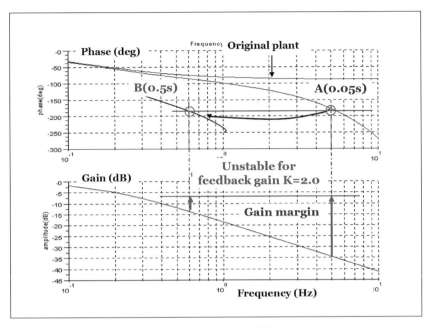

〔図6-6〕人間操作と電子制御の周波数特性（フィードバック）

６－２－１－３ フィードフォワード：安定な運転操作

　人間が制御装置である場合大きなフィードバックゲインは望めない。
この事は前節で安定性解析により示されている。そのためフィードフォ
ワード操作が必要となる。そしてこの事は学習過程が人間の運転に於い
て必要不可欠であるという事でもある。

６－２－２　運転学習アルゴリズム

６－２－２－１　操作量系列の発見

　運転者はコンピューターのように運転制御装置としてのプログラムが入っているわけでは無い。そこではじめから正確に操作する方法を学ばなければならない。この学習過程は解明されていない。この操作列で重要な特性として操作の量及び車両含む応答遅れの補正である。速度制限を考えると操作としてはアクセルとブレーキが強く踏めば駆動力あるいは制動力が大きくなることがわかっている。これをもとに何度か繰り返すことで適正な踏み込み量とタイミングがわかってくる。その過程を表すアルゴリズムとして有本によって提案された繰り返し学習制御がある[12]。このアルゴリズムはブロック図を用いて図6-7のように表現される。

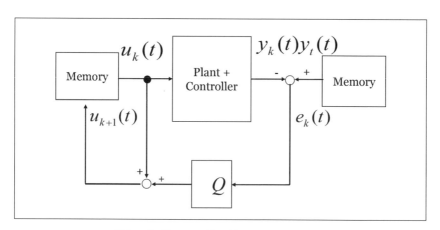

〔図6-7〕繰り返し学習制御のアルゴリズム

この制御ではある回の操作量に、それに対する誤差にゲインをかけて加え、次の回の操作量を構成するだけで、操作対象についての構造やそのパラメータについての知見を必要としない。アルゴリズムは次の式で記述される。

$$u_{k+1} = u_k + Q(y_t - y_k) \quad \cdots\cdots\cdots\cdots\cdots\cdots\cdots\cdots\cdots\cdots\cdots\cdots\cdots\cdots\cdots \quad (6.2)$$

ここでu_k：k回目の入力データ系列 y_k：k回目の出力、y_t：は目標の時系列値、Q：はフィードバックゲイン行列である。

6-2-2-2　技能につながる効率的な操作の学習

もし運転者が運転操作に対する車両の応答を知っていたとしたら車両の特性を表すパラメータを学習することができる。そうすれば学習は系統的に進められ、数少ない試行で学習結果を得ることができる。これはある目標速度系列とそれに対する車両の運転操作系列のパターン適合問題と言うことができる。内燃機関とトランスミッションを備えた車両を目標速度に追従させる運転を何回か繰り返すと、運転者は車両加速度がアクセルペダル位置と関連しており必要なアクセル位置は車両速度の増加とともに増加する、一定速度巡行においてアクセル位置は速度に依存する、車両停止前にはブレーキ力がさらに必要になることを経験的に理解できる。

こうして初期に得た知見は運転操作に対する車両応答の特徴の選択や、目標速度と速度偏差により学習パラメータを更新する運転者モデルの構築に使うことができる。こうした特徴パラメータを使って時系列の操作量出力が生成される。

6−2−3　運転のしやすさとHMIの視点

6−2−3−1　なじみやすさ（認知系と操作系）

　作対象（車両）の操作に対する応答より、運転者は車両の特徴を覚える。アクセル操作に対する加速応答であり、ブレーキ力に対する減速応答である。操舵についても同様である。運転者は車両質量を知覚することはないが、加速度よりそれを推定する。自動車は機械であるが、馴染むとアクセルやステアリングの操作に対してその通り反応する道具の感覚になる。道具は拡張的身体の制御ループの中に組み込まれ、それに対するゲインも制御装置（脳）の中に獲得されている。この制御ループの中には情報収集のためのインタフェースも含まれる。視覚インタフェースとしての近視メガネはゲイン1（なんら影響を及ぼさない）の要素と考えていいが、裸眼の像と比べて大きさが小さくなりまた鮮明さが増す（あいまい誤差が減少）。ゲインは脳の中で切り替えられている。人間の姿勢が変われば対象物の向きや大きさは視野の中で変わる。

　制御対象の特性としては操作に対する応答ゲインとダイナミクス（応答遅れ）である。応答が線型で、応答遅れが望ましい。[13]

6−2−3−2　身体の特性による制約

　手足の操作系での適応では身体的能力の制約から視覚と全く同じではない。人間の腕、足や手の運動的な制約も考慮しなければならない。多くの人にとって右手と左手の操作能力、特に精緻性に差があることは明らかである。操作や運動方向においても操作能力に差がある。

　手足を使った位置決めの精度は操作の方向と力に依存する。位置（抵

抗値変化）を電圧で出力するポテンショメータの操作は直線運動と回転運動があるが、人間の指による操作では回転式の方が位置決め精度が高い。直線操作では指より大きな質量である手（腕も）を動かさなければならないが、回転操作では手のひら（あるいは手首）固定で指のみの動作で済むからである。

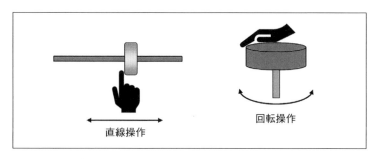

〔図6-8〕操作方向と操作の精度および安定性

　最大に近い力を必要とする操作では精度の高い位置制御ができないのは日常生活でよく経験することである。パワーステアリング機構がない車両では低速でのステアリング操作が容易でなく、電子制御されていないスロットルを持つエンジンでは全閉用スプリングの強い反力に対抗した微妙なアクセル操作が困難であった。また指の先端に比べて小さすぎる押しボタンがある車載機器やスマートフォンは正確な操作がしにくいことも体験としてよく知られている。

６－２－３－３　運転のしやすさのための制御設計

　現在ガソリンエンジンではスロットルバルブは電気モータで駆動することが主流となっていて、電子スロットル方式と呼ばれている。以前は

アクセルペダルからケーブルで機械的にスロットルバルブはつながって
おり、アクセルペダル踏み込み量とエンジントルク（あるいはパワー）
指標であるスロットル通過空気質量流量は操作範囲全体では線型でな
かった。またスロットルバルブのリターンスプリングが強い（特に北米
向けではアイシング防止のため2重構成）ため細かい操作が容易でな
かった。電子スロットルでは操作と空気質量流量の線型範囲を変更でき
るとともに、強い操作力が不要となっていて、運転しやすさに貢献して
いる。参考用に運転支援の導入を表6-1に示す。

ふつうの人には困難	モータによるエンジン始動（1910年代終わり）
	パワーステアリング（のちに電動も）*
	ABS（止まりたいのにブレーキを緩める）
	電子スロットル*によるアクセル操作力の軽減、排ガス対応、誤操作回避も
運転の補助と車体の安定化 (車両運動の自由度を減らす)	電子安定化制御*
	走行車線維持（Lane Keeping）
	衝突防止機能付きのACC（Adaptive Cruise Control）

*：駆動/制動/操舵が運転者の意思を離れて自動で制御できる機能(自動運転の要素)

〔表6-1〕運転支援機能の例

完全な自動運転でなくても何らかの自動機能の元で運転者の操作が行
われている。その場合予期せぬあるいは期待とは異なる車両の応答は不
愉快であるばかりでなく危険に結びつくことがある。航空機の世界では
自動系と人間の操作が組み合わさって重大事故につながったことがあ
る。

　ACCにおいても、かなり先に先行車両が停止しているのに直前まで

減速しないのは不安感を呼び起こす。電動車両でパーキングブレーキが
かかっているのにアクセルを踏むと容易に発進できる（発進装置が必要
な内燃機関では出力不足が感じられる、そのうちパーキングブレーキに
警報が出るが）のは親切というより危険である。

　シフトバイワイヤが普及して小さなシフトレバーがハンドルについた
自動車がある。ハンドルを握ったままで操作でき操作性がいい。この方
式では直接機械的にPに入らないが、パーキングブレーキも連動して
いて安全性が高い。

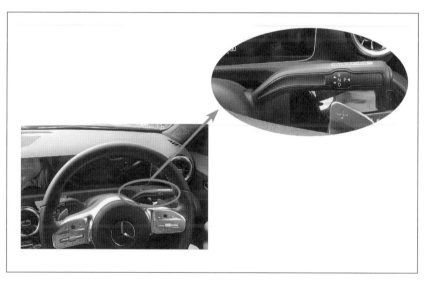

〔図6-9〕シフトバイワイヤシステムの操作レバー

6－3　振動騒音

　パワートレインは動力発生源であるためそれが関係する振動騒音現象は多岐にわたる。表6-2に代表的な振動騒音現象を示す。

*4 気筒エンジの場合

現象	起振源	主な周波数*
加減速時のショック／しゃっくり	エンジントルクの急増／急減	2.0－十数Hz
アイドル振動	エンジントルク脈動	回転2次
ギヤ歯打ち音	エンジントルク脈動	回転2次
加速こもり音	エンジントルク脈動	回転2次
吸気音／排気音	吸排気脈動	回転2次
エンジン放射音（車外騒音）	燃焼圧力の衝撃力	広帯域
ギヤワイン音	ギヤ噛合い伝達誤差	歯数＊速度
ピストンスラップ	ピストンの倒れ	広帯域
インジェクタ音	噴射弁の衝突	広帯域
吸排気弁の着座音	弁の衝突	広帯域

〔表6-2〕パワートレイン振動騒音現象と起振源

6－3－1　発生源としての原動機

6－3－1－1　内燃機関

　内燃機関は最大の振動騒音発生源である。燃焼室内で燃料のエネルギーを機械的エネルギーに変換する時にピストンに高圧がかかる。また高速運転になるとピストンとコンドッドの往復運動に伴う慣性力が燃焼に伴うトルク変動より大きくなる。こうした要因によるトルク変動の基本周波数は着火の周期（周波数）になり、さらに高調波を持つ。図6-10に往復内燃機関の振動発生機構と燃焼圧と往復慣性力によるトルク波形を示す。

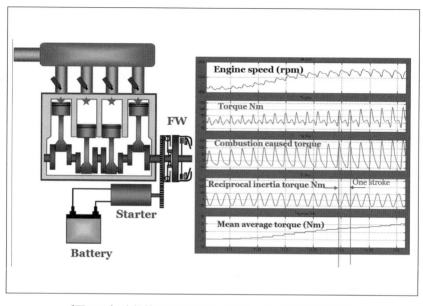

〔図6-10〕内燃機関の振動発生機構とトルクの時系列波形

この時系列トルクは平均トルク T_{e0}、摩擦トルク T_f と着火周波数と高調波を含む正弦波で表すことができる。

$$T_e = T_{e0} - T_f + T_{e0}\sum_{1}^{n}\{(a_{cn}\cos(n\omega t) + b_{cn}\sin(n\omega t)\} + b_{i2}\sin(2\omega t) \quad \cdots\cdots\cdots \ (6.3)$$

燃焼によるトルク変動の高調波は2次の振幅が基本周波数のそれの約半分であり、高調波の振幅は周波数とともに減少する。4気筒エンジンでは往復慣性力によるトルク波形は4気筒分を合成して2次成分のみになる。

燃焼によるトルク変動の振幅は出力トルクに比例するのでエンジン制御で減少させることはできない。ディーゼルエンジンの燃焼音として燃焼が急速に進み、燃焼圧の増加勾配が大きくなった場合に起こるディーゼルノック対応策は、分割噴射による燃焼速度の減少であり、排ガス対応の分割噴射と合わせて制御設計と検証が行われる。

6－3－1－2　電動機

電気モータにおいても内燃機関ほどではないが振動騒音の発生源となっている。ロータの回転角度を θ としてそこでのトルクは1相あたり $\sin\theta$ 倍となるので基本的にトルク脈動が発生する。この基本周波数は回転同期周波数と巻線の相数の積である。これは内燃機関で多気筒構成にするとトルク脈動が減少することと類似であるが、脈動の振幅は内燃機関のそれに比べれば小さい。

各相の電流が180°区間で一定でなければさらにトルクリップル量は増加する。トルクリップル量が大きいと体感されるので、相切り替えの波形の改善と磁石のスキュー着磁で軽減される。

電流制御の PWM 周波数は 1kHz 以上で体感されないが耳に聞こえ騒音となることがある。電流が流れれば力が発生し、それがある周波数で繰り返されると、電動機本体と動力伝達系の振動を引き起こす。そして伝達系の中にこの周波数に共振する要因があれば不快な騒音となる。伝達系の共振周波数を予測、あるいは実測して、電流制御 PWM 周波数をずらすと軽減される。

６－３－２　加減速ショック（駆動軸のねじり振動）

FF（前輪駆動）車の駆動軸はその長さの割に径が細く、そのねじり剛性とパワートレインの慣性モーメントで構成される質量 - ばね系の共振周波数は数 Hz になることがある。この振動系に原動機（内燃機関でも電気モータでも同じ）からステップ的なトルクが加わると振動を発生する。加減速ショックあるいはジャークと呼ばれる現象である。図 6-11 に FF 車の駆動系の模式図と式（6.4）に振動系の運動方程式を示す。この式の F が原動機からのトルク入力である。

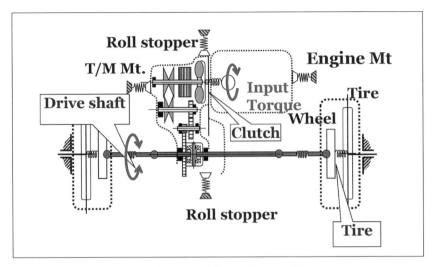

〔図6-11〕前輪駆動車の駆動系の振動構造

$$M\ddot{x} - C\dot{x} - Kx + = F \quad \cdots\cdots\cdots\cdots\cdots\cdots\cdots\cdots\cdots\cdots\cdots\cdots\cdots \quad (6.4)$$

ここで x: 変位ベクトル、M: 質量行列、C: 減衰係数行列、K: 剛性行列、F:

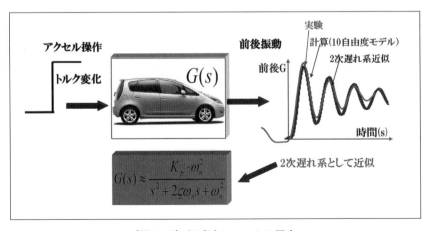

〔図6-12〕加減速ショックの概念

原動機のトルク制御としては加速度フィードバック、出力トルク波形整形（フィードフォワード）が設計できる。トルク制御の分解能の制約があり、アクセル操作に対してローパスフィルターをかけ、滑らかなトルク変化波形を作り出す方法が広く用いられている。図6-13の前置補償器は各種フィルターを含むものである。

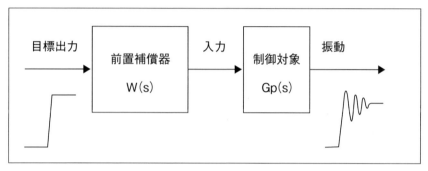

〔図6-13〕加減速ショック低減のためのトルク波形整形

6-3-3　動力伝達系の騒音

トランスミッションなど動力伝達系は原動機と違って騒音が発生することは想定されていないので、小さなものでも騒音が発生すると不満につながる。

6-3-3-1　ギヤワイン音（Gear Whine）

一定速度で走行している時にウィーンというような一定高さの音が耳につくことがある。この騒音はギヤのかみ合い伝達誤差(Transmission Error)により発生する。これはギヤ歯面が理想歯型からずれているだけ

でなく、負荷がかかって支持しているベアリングが傾き接触面がずれることでも起きる。起振力源は力の変動でなく、噛み合い伝達誤差つまり強制変位である。この起振源からの振動が伝達系で共振して騒音となる。この周波数は原動機の速度とギヤ比と歯数の積であり、広い範囲にわたることから発生の可能性は常にある。また内燃機関だけでなく電動機でも発生し、騒音がより少ない電動機の方が目立ちやすい。

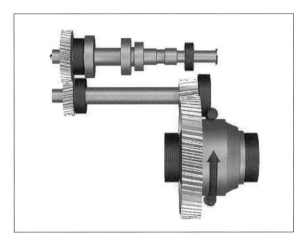

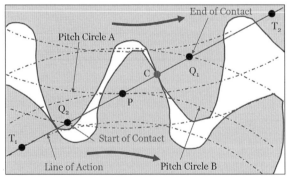

〔図6-14〕ギヤのかみ合い伝達ギヤワイン現象 [14]

6−3−3−2　ギヤの歯打音（ギヤラトル、Gear Rattle）

MT，AMT と DCT では出力側の歯車は常に入力側の歯車（駆動側，エンジンにつながる）と噛み合っている。負荷がかかっていない歯車では、駆動側の歯車に速度変動があると、その速度変動のために歯同士の接触が離れる。また接触して、これが繰り返されて音が出る。

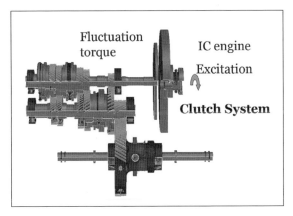

〔図6-15〕ギヤラトル解析のための歯の接触モデル1

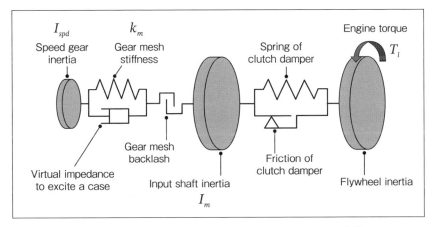

〔図6-16〕ギヤラトル解析のための歯の接触モデル2 [15]

第 7 章

パワートレインモデルによる
解析と評価

車両の動力性能予測、ある制御に対するエネルギー効率の評価など挙動の解析や予測にはモデルが必要である。効率的なモデル作成について説明する。

7－1　モデル規模と時間

　複雑なモデルを作成すれば予測精度が高くなると期待されることが多い。しかしモデルを使った評価のための時間は限られているので、複雑なモデルはモデルの作成と必要なデータの準備に長い時間がかかる。

　図7-1はエンジンの振動騒音予測のための有限要素モデルである。こうしたモデルは必要なデータが多くモデル作成やデータ準備に数か月の時間が必要である。

〔図7-1〕パワートレインの有限要素モデル例

　最適化のように繰り返しが多い用途には計算時間についても考慮しなければならない。計算時間は計算要素数、時間刻み、空間分割の積となる。そのため空間分布のあるモデルを作成すると、時間は飛躍的に増える。また応答の速い部分を含めそれに時間刻みを合わせる場合、たとえば排ガス試験サイクル NEDC を目標速度として車両を走行させるシミュレーションで、ターボチャージャーのタービン速度を計算するモデルを含むような場合である。この場合車両の慣性モーメントは原動機の側から見て数 $[\mathrm{kgm^2}]$ のオーダでタービンの慣性モーメントは $1.0 \times 10^{-4}[\mathrm{kgm^2}]$ のオーダである。図 7-2 にモデルの複雑さと計算時間の関係を概念的に示す。

　図中の 3D　CFD モデルは燃焼室内の混合気流動を予測するもので 3 次元の空間分布をもつ。計算対象時間は吸気弁が開いてから弁が閉じて圧縮完了まで、あるいはさらに着火して排気完了までであり、長くても 1 サイクル（エンジン 2 回転）までである。しかし計算時間は実時間に比べはるかに長くかかる。High Frequency モデルは吸気管と排気管は 1 次元（場合によっては径方向の分布をもつ準 2 次元）分布として扱われていて、長さと容積がエンジン出力性能に影響する。吸排気系で重要な部品はすべて含まれる。

　時間刻みはクランク角 1° ごとであり、エンジン 1 回転に比べ 360 倍の計算量が必要である。解析対象時間は過渡的なエンジン出力予測目的を含めても数十サイクルである。計算時間は実時間より長い。Mean Value Engine Model は 1 行程（クランク角 180°、4 気筒エンジンでは 1/2 回転）ごとにエンジン出力を変更するものである。燃焼室内の熱発生は燃料量（ガソリンエンジンでは空気量）に比例するものあるいは実

験データをもとにしたマップで得られるとする。

　空気の燃焼室内への輸送遅れは物理的なモデルが使われる。アクセル踏み込み量変化に対する出力の過渡応答が得られる。計算時間は実時間化かそれより小さい。マップエンジンモデルは、スロットル開度とエンジン速度を入力として、出力トルク、燃料消費量およびエンジン排ガス成分構成が出力である。エンジンのサイクルの概念はなく、車両走行のためのエンジン出力として用いられる場合は0.1秒間隔の出力で十分である。計算時間は実現象に比べてはるかに少ない。

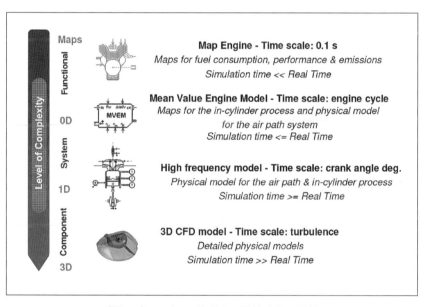

〔図7-2〕モデルの複雑さと計算時間の関係

７－２　物理式を基にしたモデル

　一次元の車両運動を表すためには走行抵抗（の式）とパワートレインの出力との差が車両加速度であるという力のつり合い式である。車両質量を M、車両速度を v、駆動力を F_d、走行抵抗を D_f としてとして次のとおりである。

$$M\dot{v} = F_d - D_f \quad \dotfill (7.1)$$

速度はこの積分であるので (7.2) 式で表され、ブロック線図での表現は図 7-3 のようになる。

$$v = \frac{1}{M}\int(F_d - D_f)\,dt \quad \dotfill (7.2)$$

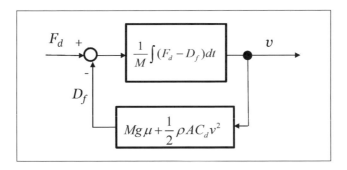

〔図7-3〕駆動力、走行抵抗と速度の関係

　こうしたブロック線図で表されたモデルはブロック線図型モデルツール Simulink, Xcos などで容易に実現できるが積分の数がそれほど多くなければ数値積分を行うことができ、ラインコマンドで作成できる。関

係式が線形であれば伝達関数を導出できて、解析解が求められる。ここから時間応答は容易に計算できる。

　排ガス試験サイクルにおける車両の走行抵抗と必要駆動パワーの計算では、速度の2乗と3乗が必要になるが、ベクトル積を用いると2行のコードで走行全区間でのパワーが求められる。

　目標速度列をベクトル v_t、走行抵抗の時系列ベクトルを D_f、必要駆動パワーを P_{wr} とすると、刻々の走行抵抗と必要駆動パワーは次の式で表される。

$$D_f = Mg\mu + \frac{1}{2}\rho A C_d v.v \qquad \cdots\cdots\cdots\cdots\cdots\cdots\cdots\cdots\cdots\cdots\cdots\cdots\cdots\cdots \quad (7.3)$$

$$P_{wr} = D_f.v \qquad \cdots\cdots\cdots\cdots\cdots\cdots\cdots\cdots\cdots\cdots\cdots\cdots\cdots\cdots\cdots\cdots\cdots\cdots\cdots\cdots\cdots\cdots \quad (7.4)$$

　ここでベクトルの要素間の積を（.）で表している。これを用いると繰り返し計算が不要となり Scilab や Matlab のコードは2行となる。この車両運動に関する式では計算時間刻みは0.1秒のオーダで精度的に問題はない。

７－３　モデルの事例

　著者らは HEV のエネルギー管理問題を研究していた。発電機と電池が搭載されていることからエネルギーは図7-4 に示すように、蓄積を経て消失する。消失分は走行抵抗とエンジンの熱損失、電池と電動機の抵抗損失である。燃費を最良にする発電制御則を見出す問題となる。初期、汎用のパワートレインモデルを用いた。このモデルは市販されているものであり、内燃機関と車両パラメータを設定すれば使える。エンジン出力は前節で説明したマップエンジンモデルから得られる。

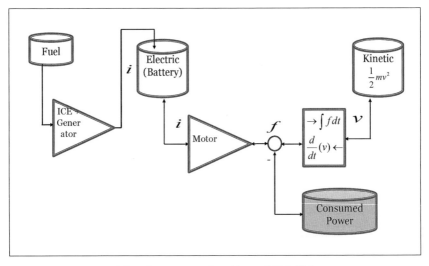

〔図7-4〕HEV のエネルギーの蓄積と消失

　次にこの問題を繰り返し計算によるエネルギー最適化問題として解くため、計算時間短縮のためのモデルを検討した。いわゆる次数低減モデルである。走行に必要なエネルギーの予測には、走行の目標速度（たと

えば欧州の排ガス試験サイクル NEDC）を設定し、それに追従するための原動機出力より消費エネルギーを求める。この出力を求める方法は2つあり、図7.5 に示されている静力学的な方法（Kinetic Approach）と動的な追従法 (Dynamic Approach) である。前者では目標の速度から必要な動力を求め、動力伝達系と原動機の効率から消費エネルギーを予測する。実際の原動機出力制御を含まず、過渡的なトルク変化もないが、フィードバック要素がないので時間刻みを粗く設定できる。後者ではアクセルとブレーキを操作して車両を駆動 / 制動して目標速度に追従させる。この方法では、運転者モデルが必要であるが、運転者の技能の影響を見ることができ、また過渡的な駆動力変化に対する振動もモデルを加えると表現できるなど汎用性が広い。しかし計算の時間刻みはフィードバックを含むために前者ほど粗くできない。

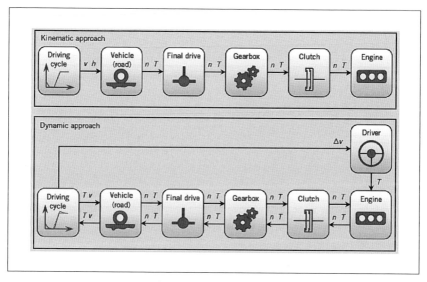

〔図7-5〕自動車走行燃費の計算方法 [1]

　これら2つの方法の間に消費エネルギーの差は多くないという研究が
あり、前者を選んでも精度の悪化は少なく、計算時間が短縮できる。

　目標速度から必要な動力計算は（7.3）式に加速度分 M_v を加えたもの
を用いる。変速機の効率は損失が少なく、固定値でも影響は少ない。電
動車両ではエンジンのところを原動機と読み替え、内燃機関と電動機か
らなるものとしてモデルを作成する。

　内燃機関の出力トルクはトルクと運転速度を入力として燃料質量流量
（あるいは空気質量流量）を2Dマップから求めるより、（2.14）式を用
いてトルクより燃料質量を求める方が容易であり、また詳細なエンジン
データがない場合はこの式を使うしかない。

　電動機においては駆動力と電流は比例するため、内燃機関と合わせて
分担するトルクから電流が直接求められる。電動機の速度は車両速度か
ら減速比を使って直接決められる。駆動に必要な機械パワーと電気出力
パワーは等しいが、電気供給源（電池または発電機）から純電動機（抵
抗は含まず）までの電気抵抗により損失がある。この損失パワーを P_{los}
とすると、

$$P_{los} = V_b i_{es} - V_e i_{es} \quad\cdots\cdots\cdots\cdots\cdots\cdots (7.5)$$

　ここで V_b：電池内部電圧、V_e：純電動機端電圧
HEVでは電池の充電状態（SOC, State of Charge）が試験サイクル走行
の前後で同じでなければならないので、消費電力の計算が必要となる。

$$\dot{C_b} = \frac{-i_{es}}{Q_b} \quad\cdots\cdots\cdots\cdots\cdots\cdots (7.6)$$

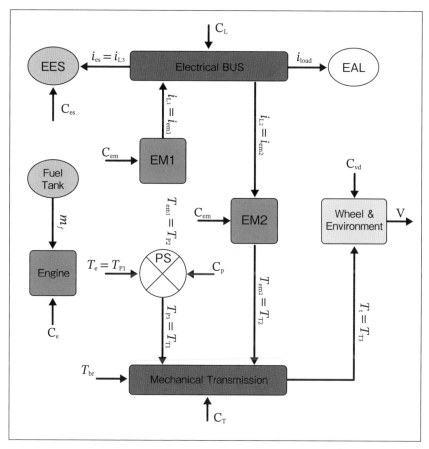

〔図7-6〕2種の動力源をもつ HEV の物理モデル[2]

ここで C_b：SOC, i_{es}：電池からの電流（流入を正とする）[A]、Q_b：電池容量 [Ah]

汎用のパワートレインモデルを用いるとモデル作成が容易になる場合がある。JSAE & SICE「ベンチマーク問題2：ハイブリッドパワートレインを用いた通勤車両の燃費 最適化問題」[3]では汎用のパワートレイ

ンモデル（GT-SUITE）と制御モデル（Matlab, これはモデル設計が必要）を用いた方法が用いられている。モデルの概要は GT-SUITE を扱う IDAJ のウェブサイトで見ることができる[4]。

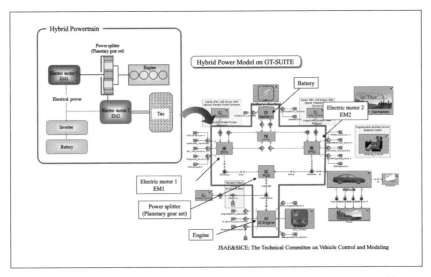

〔図7-7〕燃費シミュレーションへの汎用パワートレインモデルの適用[3]

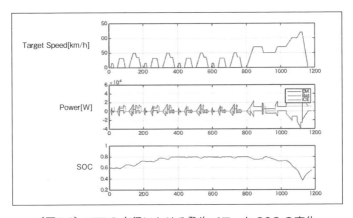

〔図7-8〕NEDC 走行における発生パワーと SOC の変化

この専用モデルを用いると、汎用パワートレイン・車両モデルを用いた場合と比べて NEDC 走行 1200 秒のシミュレーション時間は数十分の一にできる場合がある。

このモデルはパラメータ数が表 7-1 に示すようにわずかであり、実験によらず公開された論文からモデルを作成できる。

Series Transmission	
Electric machine (EM1) (engine side)	Type: PMSM motor/inverter; Maximum power: 60 [kW] corresponding to maximum velocity 10000 [rpm]. The efficiency parameter includes the inverter/controller efficiencies.
Electric machine (EM2) (transmission side)	Type: PMSM motor/inverter; Maximum power: 50 [kW] between 1200 [rpm] and 6000 [rpm]; Maximum torque: 400 [Nm] between 0 and 1200 [rpm]; The efficiency parameter includes the inverter/controller efficiencies.
Final driveline	The final drive ratio is 4.113 [-] with a constant efficiency of 1 [-]
Electrical energy storage system	
Battery pack	Type: Ni-MH; Nominal voltage: 201.6 [V], Capacity: 6.5 [Ah]; Maximum discharging power: 21 [kW]; Maximum charging power: 25 [kW]; Minimum SoC: 0.55 [-]; Maximum SoC: 0.65 [-]; Initial Charge: 0.6 [-]
Engine data	
Manufacturer: Toyota; Type: 57 [kW] @ 5000 [rpm], 1.5L SI Atkinson internal combustion engine; Maximum torque: 115 [Nm] @ 4200 [rpm]	
Vehicle data	
Mass: 1460 [kg]; Air drag coefficient: 0.33 [-]; Frontal area: 3.8 [m2]; Roll resistance coefficient: 0.015 [%]; Maximum regenerative brake fraction: 0.4 [-]; Wheel radius: 0.2953 [m]	

〔表7-1〕エネルギー最適化シミュレーションのモデルパラメータ [2]

Sub system	Essential Parameters	Parameter Description (major)
ICE	3	Fuel to torque coefficient, drag torque, fuel energy
Electric motor	3	Current to torque coefficient, resistance, mechanical loss
Electric generator	3	Torque to current coefficient, resistance, mechanical loss
Battery	2	Capacity, resistance
Vehicle	4	Mass, rolling resistance coefficient, front area, drag coefficient
Driver	0	Quasi-static model used

〔表7-2〕低減次元パワートレインモデルに必要なパラメータ数 [2]

7-4 モデル作成と解析のソフトウェア用ツール

　モデル作成は単に部分モデルをあるソフトウェアで結び付けていくだけでなく、実測データからモデル構造を決める、その構造のパラメータを決める、許容誤差内でモデルを簡単にするモデル低次元化などの作業が必要となる。大量の実験データを扱う場合は Scilab や Matlab である。FFT 関数があるので信号の特徴抽出をした上で、ローパスなどフィルタをかけて信号の前処理が容易にできる。連立微分方程式など解法は分かっていても手計算では間違いやすい数式の処理は Maxima などの数式処理システムを利用すると効率的に解ける。制御解析では数式処理システムを用いてあらかじめ問題を簡単にしておくといい。非線型システムの時系列解析はブロック線図でプログラムできる Xcos、Simulink が適している。これらソフトウエアの関連を図7-9 に示す。

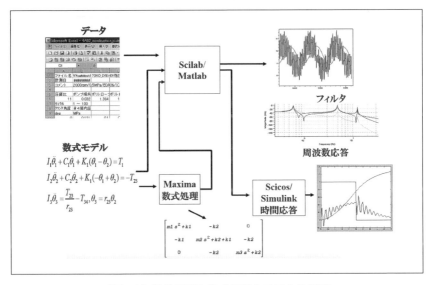

〔図7-9〕数値演算と数式処理システムの関連

　図 7-9 に示すソフトウェアツールと機能を説明する。数式処理は記号のままで数式を処理できる。その機能は微分方程式を含む方程式の解、数式の展開と整理、ラプラス変換とラプラス逆変換、固有値解析を含む行列演算などである。Mathmatica、Wolfram alpha（Web 利用）、Maxima がよく使われている。

　数値演算ソフトウェアは行列演算が直接記述でき、特に制御用機能（マクロあるいは関数）が豊富なものを取り上げる。固有値や逆行列を含む行列演算、伝達関数を使った時系列応答、Bode 線図に代表される周波数応答、高速フーリエ変換、3 次元を含む強力なグラフィックスなどの機能がある。ソフトウェアとしては Matlab、Scilab がよく利用されている。数値計算機能をもとにブロック線図に基づくモデルを記述でき、時系列シミュレーションをするソフトウェア Simulink や Xcos も同時に利用できる。前者についてはそのコードから自動的に ECU で実行可能なコードを生成することができ、広く利用されている。

　これらのなかで無償で利用できるものは Maxima と Scilab である。Appendix に Maxima, Scilab 入門編として基本的な操作説明を添付している。これらのソフトウェアはダウンロードして PC で利用するのが便利であるが、それぞれ Online 版があり、PC でなくてもタブレットやスマートフォンで利用できる。ただし全く同じ機能ではない。

第 8 章

Appendix

8－1　微分方程式とその解法

運動や電気回路は1階や2階の微分方程式で記述され、それを解く必要がある。同次式の場合は容易に解けるが、ステップ応答のようにシステムへの強制入力がある場合は、ラプラス変換と逆ラプラス変換により解く方法が用いられてきた。数式処理(Computer Algebra System)を使うと容易に解ける。連立微分方程式になると手計算では困難あるいは間違いやすい。係数が時間変化する場合は数値解になる。

ステップ入力の場合の解を示す、いずれも初期値は0,0としている。

1階の微分方程式

$y' + ay = a, x = 0$　の時　$y = 0$

一般解は

$$y = Ce^{-ax} + 1 \quad \cdots\cdots\cdots\cdots\cdots\cdots\cdots\cdots\cdots\cdots\cdots\cdots\cdots\cdots\cdots (8.1)$$

初期条件より

$$y = 1 - e^{-ax}$$

2階の微分方程式（振動的な場合）

$y'' + ay' + by = b, x = 0$　の時　$y = 0, y' = 0$

一般解は

$$y = e^{-\frac{a}{2}x}\left(C_1 sin\left(\frac{\sqrt{4b-a^2}}{2}\right) + C_2 cos\left(\frac{\sqrt{4b-a^2}}{2}x\right) \right) + 1$$

初期条件より

$$y = e^{-\frac{a}{2}x} \frac{1}{a^2-4b}\left(a\sqrt{4b-a^2}\, sin\left(\frac{\sqrt{4b-a^2}}{2}x\right) - cos\left(\frac{\sqrt{4b-a^2}}{2}x\right) \right) + 1 \quad \cdots (8.2)$$

これは数式処理システムMaximaで解いている。

8－2 ラプラス変換と周波数応答

入力に対するシステムの時間応答は微分方程式を解くことで求められる。周波数応答や遮断周波数を求めたり、応答特性をグラフに表すには微分方程式をラプラス変換してsの多項式として扱うと容易になる。またシステムの安定性判別もこのsの多項式が使われる。多項式が高次になると、零点や極の計算は手計算では困難で数式処理に頼ることになる。

8－2－1 ラプラス変換と伝達関数

2階微分方程式で表される系を例にすると

$$m\frac{d^2x}{dt^2} + c\frac{dx}{dt} + kx = f \qquad (8.3)$$

微分作用素をsで置き換える、2回微分はs^2である。初期値を加える必要がある。入力関数としてよく使われるステップは1/sである。

ラプラス変換
$$ms^2X(s) + csX(s) + kX(s) = F(s)$$
$$(ms^2 + cs + k)X(s) = F(s) \qquad (8.4)$$

伝達関数
$$G(s) = \frac{X(s)}{F(s)} = \frac{1}{(ms^2 + cs + k)} \qquad (8.5)$$

実際にはもう少し複雑な系を扱う必要があり、次のような2質量‐2ばね系では数式処理システムが有用である。

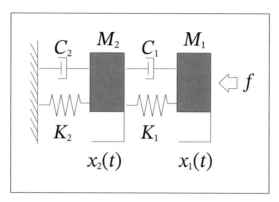

〔図8-1〕強制力を受ける2質量2バネ系

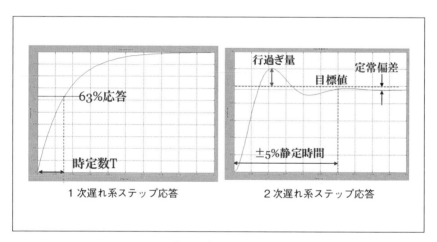

〔図8-2〕時間応答

微分方程式

$$M_1\ddot{x}_1 + C_1\dot{x}_1 + K_1(x_1-x_2) = f \quad\cdots\cdots\cdots\cdots\cdots\cdots\cdots (8.6)$$
$$M_2\ddot{x}_2 + C_2\dot{x}_2 + K_1(-x_1+x_2) + K_2x_2 = 0$$

ラプラス変換

$$M_1s^2X_1(s) + C_1sX_1(s) + K_1(X_1(s)-X_2(s)) = F(s)$$
$$M_2s^2X_2(s) + C_2sX_2(s) + K_1(-X_1(s)+X_2(s)) + K_2X_2(s) = 0$$

行列形式で次のように表される。

$$\begin{bmatrix} M_1s^2 + C_1s + K_1 & -K_1 \\ -K_1 & M_2s^2 + C_2s + K_1 + K_2 \end{bmatrix} \begin{bmatrix} X_1 \\ X_2 \end{bmatrix} = \begin{bmatrix} F \\ 0 \end{bmatrix}$$

伝達関数は行列であり

$$\begin{bmatrix} M_1s^2 + C_1s + K_1 & -K_1 \\ -K_1 & M_2s^2 + C_2s + K_1 + K_2 \end{bmatrix}$$

の逆行列である。この逆行列はMaximaで容易に計算できる。

8－2－2　　周波数応答（Bode Diagram）

　直流ゲインは0次の係数比である。遮断周波数は1次系では時定数、2次系(振動系)では共振周波数である。それより高周波数ではそれぞれ20dB/dec, 40dB/decの傾きで振幅が減少する。伝達関数が求められると、ScilabのBodeでグラフが描かれる。

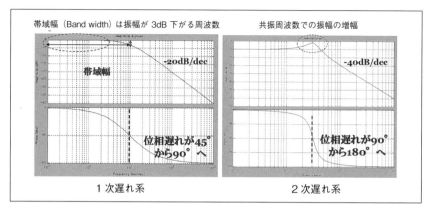

〔図8-3〕周波数応答

8-2-3 システムの結合

ラプラス変換の定義より、伝達関数 G1, G2 に対して次のように結合
されて伝達関数が求められる並列： $G = G_1 \pm G_2$

直列（カスケード）： $G = G_2 G_1$

フィードバック： $G = \dfrac{G_1}{1 \mp G_2 G_1}$

実際の伝達関数は多項式であり、数式処理システムまたは Scilab によ
り展開・統合した方が間違いが少ない。

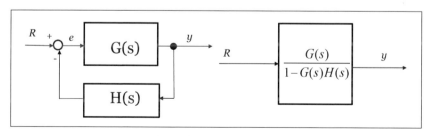

〔図8-4〕システムの結合

8−3　数値計算と数式処理

　値計算により定量的な挙動を求めるとさらに理解しやすい。いくつか
の例を挙げておく。

ツールは無償で利用できる Maxima と Scilab である

Maxima による微分方程式の解

微分方程式の定義

　8-1 で示した微分方程式 $y'' + ay' + by = b$　　は次のように入力する

ode2('diff(y,x,2)+a*'diff(y,x)+b*y=b, y, x);

特性方程式の解が複素数かどうかの Maxima よりの問いかけ

"Is "4*b-a^2" positive, negative or zero?"

複素解を求めるので入力は

p

一般解

y=%e^(-(a*x)/2)*(%k1*sin((sqrt(4*b-a^2)*x)/2)+%k2*cos((sqrt(4*b-a^2)*x)/2))+1

初期条件（入力）

ic2(%, x=0, y=0, 'diff(y,x)=0);

特殊解

y=%e^(-(a*x)/2)*((a*sqrt(4*b-a^2)*sin((sqrt(4*b-a^2)*x)/2))/(a^2-4*b)-cos((sqrt(4*b-a^2)*x)/2))+1

　非線形問題では Scilab コードによる数値計算あるいは Xcos によるブ
ロック線図モデルによる記述と数値計算を使わざるを得ない。しかし計

算時間刻みによっては解が不安定になることがある。PWM 制御による電流応答ではステップ入力応答であるので Maxima でも解け、PWM 周波数と時間刻みを考慮しなくても安定した解が得られる。

8−3−1　パワートレイン制御のための Maxima 入門

　制御系の解析設計に数式処理ソフトウェアを適用すると効率がいい。また数学公式集としての利用や関数を与えてのグラフ作成に利用できる。そのツールのひとつの Maxima について必要最小限の利用説明をする。

● ソフトウェアのインストール

次のウェブサイトから無償でダウンロードできる

http://maxima.sourceforge.net/

1．Maxima 起動 / 終了

1−1　起動

　デスクトップのアイコンなどで wxMaxima を起動すると wxMaxima0.9.5［無題］という画面現れて入力待ちになる（「今日のヒント」は読まないなら閉じる）。既存プログラムを利用する場合は開く(o)を選択して、利用するプログラムを指定する。

1−2　終了

　ファイルメニューから終了を選ぶ。必要ならば作成したプログラムを保存する。

２．GUI を使う

２－１　入力のきまり

(1) 四則演算

1+2, 2-3, 2*3, 1/3

(2) べき乗

3^3

(3)代入と等号

変数への値の割り当て　s:t+1;

（値は数値であっても変数であってもいい）

関数の定義：y(x):=x+1;

等価：x^2+3*x+2=0;

(4) 重要な定数（% つき）

%pi; %e; %i;

(5) 式の終了とセルの評価（実行）

;"か"$"で終了

評価は shift+enter

２－２　テンプレートを使う

(1) 代数方程式の解

方程式メニューから「方程式を解く」を選択

ここに前述の x^2+3*x+2=0 を貼り付ければ解が得られる。

```
(%i1)  solve([x^2+3*x+2=0], [x]);
(%o1)  [x=-2,x=-1]
```

(2) 行列の入力と逆行列

代数メニューから「手入力による行列生成」を選択，次の画面に

行数 :2, 列数 2 を入れる。そして次の画面に変数を含む要素を入力。

同じ代数メニューから「固有値を求める」を選択すると次のとおり。

ここで % は前の値を用いるの意味。

```
(%i2)  matrix(
          [0,1],
          [-wn*wn,-2*wn]
       );
```

$$(\%o2) \begin{bmatrix} 0 & 1 \\ -wn^2 & -2\,wn \end{bmatrix}$$

```
(%i3)  eigenvalues(%);
(%o3)  [[-wn],[2]]
```

(3)グラフを描く

プロットメニューより

2次元プロットを選択.

テンプレートで正弦波

のグラフを指定した結果は

次のとおり。

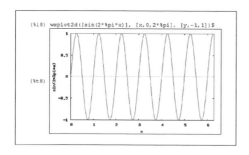

より詳しくは次のプログラム参照

Two-Dimensional Plotting with wxplot2d

3. 入力セルを使う

(1) 式の入力と整理

セルメニューより入力セルを選択する。入力待ちの状態。

$\flat$ --->

式を代入する（青字部分）。まだ整理されていない。

(2) 変数の定義と代入

= 定義を表す。: 代入を表す。

例：def_sub.wxm

(3) 関数の定義

関数は Transfer_func.wxm に
入っている。

(%i2) g(s):=1/(T*s+1);
       h(s):=wn*wn/(wn*wn+2*wn*zeta*s+s*s);
       c(s):=(kp+ki/s);
       G(s):=g(s)*c(s)/(1+g(s)*c(s)*h(s));

(%o2) $g(s):=\dfrac{1}{T\,s+1}$

(%o3) $h(s):=\dfrac{wn\,wn}{wn\,wn+2\,wn\,\zeta\,s+s\,s}$

(%o4) $c(s):=kp+\dfrac{ki}{s}$

(%o5) $G(s)=\dfrac{\dfrac{ki}{s}+kp}{(s\,T+1)\left(\dfrac{\left(\dfrac{ki}{s}+kp\right)wn^{2}}{(s\,T+1)(2\,s\,wn\,\zeta+wn^{2}+s^{2})}+1\right)}$

(4) 式の整理

式の変形メニューより式の整理を選択。前回値 (%) が入る。

例：ratsimp_demo.wxm

(%i6) ratsimp(%);

(%o6) $G(s) = \dfrac{(2\,kp\,s^2+2\,ki\,s)\,wn\,\zeta+(kp\,s+ki)\,wn^2+kp\,s^3+ki\,s^2}{(2\,s^3\,wn\,T+2\,s^2\,wn)\,\zeta+(s^2\,wn^2+s^4)\,T+((kp+1)\,s+ki)\,wn^2+s}$

(5)データの保存と呼び出し

参考プログラムを添付する

Writing to and Reading from Data Files

3．数学公式集としての利用

3−1　ラプラス変換

　微積分メニューよりラプラス変換を選択し，テンプレートに時間領域での関数を入力する。

3−2　微積分

　微積分メニューより積分または微分を選択するとテンプレートが表示される。

3−3　三角関数の展開

式の変形メニューより三角関数を選ぶ。

3−4　微分方程式（一般解，特殊解およびグラフ）

ode2('diff(y,x,2)+2*'diff(y,x,1)+2*y=2, y, x);

ic2(%, x=0, y=0, 'diff(y,x)=0);

wxplot2d([%e^(-x)*(-sin(x)-cos(x))+1], [x,-0,5], [y,0,1.5]);

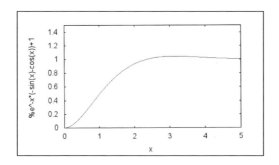

Maxima on Line

スマートフォンやタブレットでも利用できる

1. Website を開く

http://maxima.cesga.es

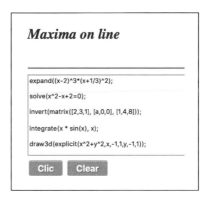

2. Clear を押して、例題を消し、作成したコードを入力

例えば次のもの

x11:5*cos(%pi/3);y11:5*sin(%pi/3);x22:3;y22:0;

ssq:5^2+3^2-2*5*cos(%pi-%pi/3)*3;

F:sqrt(ssq);

solve([F/sin(%pi-%pi/3)=5/x], [x]);

teta:asin(%)/%pi*180;

x1:x11+x22;y1:y11+y22;
f1:sqrt(x1^2+y1^2);

3．Clic を押すと実行される

【参考文献】

Web site から多くの情報が得られる。検索エンジンで"Maxima"と"知り
たい項目"を同時に探せばなにか出てくる。参考になりそうなリンク先を示
す。

⑴ Maxima について（筑波大学）

http://www.math.tsukuba.ac.jp/~hiroyasu/2008/maxima.html

⑵ Maxima 入門ノート 1.2.1

Ecxel と数式処理の違いから始まり，基本操作が丁寧に解説されている。

http://fe.math.kobe-u.ac.jp/MathLibre-doc/maxima-note.pdf

8−3−2 Scilab /Xcos 入門

　制御系解析やデータ処理には計算ツールが不可欠である。そのツールのひとつである Scilab/Xcos について必要最小限の利用説明をする。計算のきまり、変数の入力、スクリプトの編集、外部データの読み込みである。Scilab は Scilab Home Page https://www.scilab.org/ から無償でダウンロードできる。

1. Scilab 起動 / 終了
1−1　起動
　デスクトップのアイコンなどで Scilab を起動すると次の画面が現れて入力待ちになる。

---

scilab-6.1.0 コンソール

スタートアップを実行中：

　初期環境をロードしています

1−2　終了
　-> quit

と入力するか、ファイルメニューから quit(CTrl+Q) を選ぶ。

1−3　デモプログラム
　コンソールのヘルプメニュ (?) よりデモを選ぶ。（または2段目のアイコン右から2つめ？左）プログラムは Scilab3.3.3 ホルダを "demo" で

検索する。

1－4　ディレクトリの変更

　ファイルメニューより選択，参照するディレクトリ名を入れる。

　外部データ入力のためにはデータファイルのあるディレクトリに変更
しておくことが必要である。

2. 計算機としてつかう

2－1　演算規則

　以下のテキストを部分的にコピーして貼り付けても実行される

（1）四則演算

1+2, 2-3, 2*3, 1/3

（2）べき乗

3^3

（3）大小関係 / 同一　（値は真偽）

大小関係，一致する

2<3, 2==2, //ans="T" or "F"

（4）重要な定数 (% つき)

%pi, %e, %i　（Matlab では pi, exp(1), i）

（5）ベクトルの要素同士の積

.*

2－2　変数への代入

（1）スカラー

a=2, b=3, c=4

(2) ベクトル

d=[1 2 3 4]

(3) 行列

A=[1,2,3

4,5,6

7,8,9]

C=[1 2 3;4 5 6;7 8 9]

要素の区切りは空白または, 列の区切りは改行または;

転置は '

(4) 行列, ベクトルの要素指定

要素の番号は1から始まる

d(3)

A(1,3)

A(1,:) //1 行

A(:,2) //2 列

(5) 便利な使い方

時間ベクトルを0から2まで0.01ごとに作成

t=[0:0.01:2.0] // 時間刻みに利用する

このままでは全要素が表示される。50個くらいで表示継続かどうか

照会される。表示させないためには;をつける。

t=[0:0.01:2.0];

t ベクトルの長さ：　length(t)

行列の大きさ：size(t)

長さや大きさが異なると実行されないので注意。

2−3　基礎関数とヘルプ

(1) 数学関数

一般的な関数が用意されている．すべて小文字．

sin(%pi/3), cos(%pi/3), tan(%pi/3), sqrt(9),abs(-3),log(3)

関数は　Elementary Functions　に説明されている

(2) ヘルプ

help 検索語

例　help log,　help elementary

2−4　結果のグラフ表示

正弦波を発生させて時間軸のグラフにする．

y=sin(2*%pi*t);

plot(t,y)　// グラフ

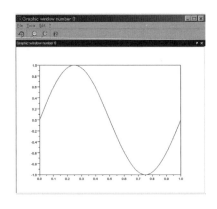

このグラフは画面上で軸方向に拡大縮小できる。

3. スクリプトやデータの保存と修正

3－1　スクリプトの仮保存

キイボードから入力された命令を残したい場合は

diary(file name)]

　ここで file name と書いてあるが、何も指示がない場合はデスクトップに保管されるのでディレクトリのドライブの設定が必要。diary
('d:scilablog.txt')

　スクリプトは入力の応答やプロンプトを含んでいるためそのままでは
Scilab にかけられず、編集が必要。

中断は diary(0)

3－2　データの保存と呼び出し

　データを指定ファイルに保管して呼び出す。次の事例を参考にして作成する。(save_load variables.sce と同じ)

```
a=eye(2,2);b=ones(a);
save('d:val.dat',a,b);
clear a
clear b
load('d:val.dat','a','b');
```


3－3　Scilab スクリプト編集

　数行以上のスクリプト（プログラム）を作るならば SciNotes を利用する方が便利である。

　(1) SciNotes 起動 / 終了

　アプリケーションメニュー (A) から scinotes を選ぶか入力 -->
scinotes

新しい画面が表示される。

終了は file メニューから exit を選択するか Cnt Q.

(2) スクリプトの呼び出し

　File メニューから open（まったく新規の場合は new）を選ぶ。そうするとファイル選択画面が現れる。既存の利用できるものを選択する。そうするとプログラムが SciNote 上に展開される。そして予約語は色が変わり、非常に見やすくなっている。

　日本語のコメントが文字化けしている場合は言語設定が必要である。メニュー　設定　より　Current file encoding - Unicode - UTF8 または Japanese - shift_JIS を選ぶ

(3) 実行

　メニュー　実行　より選ぶか、△アイコンを押すかどれか。実行 - エコーバック付きのファイル (Cntl+L) とキャレットまでエコーあり (Cntl+E) 以外は変更を保存して実行される。元のファイルを変更したくない場合は注意が必要。

(4) 実行結果の表示

　問題なく実行できれば、グラフなど指示した結果が出てくる。文法上の誤りや未定義変数があり、実行できなければその段階で console(scilab の基本画面) に誤りなどの情報が表示される。問題がなくても、表示が多すぎると（エコーありの場合）、指示待ちになる。

[表示を続けますか？ n(no) で中止，任意のキーで続けます]

(5) 注釈の挿入

// のあとは注釈として解釈される。日本語も受け付けられる。注意しなければならないのは、全角の／／や空白が入ることである（SciNotes上では分かりにくいが区別はつく）。日本語入力をしているとついこうしたものが入ってしまう。// が入っている行が間違いになった場合はここを疑った方がいい。

(6) ヘルプ

SciNotes 上で編集している場合は目的の言葉をカーソルで選択し？メニューより選択部分に関するヘルプ (Cntl+F1) を選ぶとその言葉が示される。表示はヘルプ画面。

(7) **編集結果の保存**

File メニューから save as を選ぶ。名称をつける（日本語も受け付けられる）、拡張子は標準 sce であり、目的に応じて選択する。

4．プログラミング

4－1　大量データの代入

エクセルから少量のデータを行列に入れる場合に、コピー / ペーストで貼り付ける。

例：data_paste.sce, test_cycle_learning.sce

4－2　繰り返し

For ---- end　の形の構文である。事例は前節と同じ。さらに for_loop_sample.sce も参考

4-3　条件分岐

If --- then --- else の形の構文である。事例は前節と同じ。If—then で表現できるが、ある範囲のものを見つけるには find 関数が便利である。

事例を accelerator_timing.sce 示す。

4-4　データファイルの読み込み

Scilab の強力なデータ処理能力は試験データの解析に威力を発揮する。最近はどのようなデジタル計測システムでもテキストデータを出力でき、それをエクセルファイルとして保存していることが多い。エクセルファイルからデータを Scilab に読み込んで処理する方法を示す。エンジンの燃焼圧 100 データを読み込む事例を示す。

例：xlsread_combustion.sci

Matlab による例：xls_read_combustion.m

次にテキストデータファイルの読み込み方法としてエンジンの回転変動データの解析例を示す。

例：FFT_speed.sce

行数が多数の場合は txt_read_combustion.sce を参考

5. 制御系設計および信号処理のための Scilab

5-1　線形システムを記述する準備

事例は　response time-frequency.sce である.

(1) s は多項式で使う（ラプラス演算子，微分を s で表す）

s=poly(0,'s');

(2) 伝達関数

Scilab では直接分子分母多項式を書き込める。（ ）があっても、式は展開されるので最終的な形に自分でする必要はないが、正確に記述することが大事である。

// 伝達関を定義

H=(100+2*s)/(100+10*s+s^2)

// 連続システムの定義

S1=syslin('c',H)

あるいは直接多項式を定義してもいい

S1=syslin('c',1+2*s,2+3*s+s^2)

5-2 周波数特性

前節で定義したシステム S1 の周波数特性は次の関数による。

bode(S1)

5-3 時間応答

(1) 一般入力による応答

t を時間ベクトル，u を t 時刻における入力値として

y=csim(u,t,S1);

t=[0:0.001:1];, u=sin(wn*t); // とすれば正弦波応答

(2) ステップ応答

csim('step',t,S1)

step の代わりに impulse を入れればインパルス応答

5-4　FFT

ここでは FFT 関数を利用した周波数解析のプログラムを解説する。

例は fft_demo.sce および FFT_speed.sce.　関数の定義は次のとおり。

fft - 高速フーリエ変換

関数の呼び出し方法

x=fft(a ,-1) or x=fft(a)

パラメータ

x: 実あるいは複素ベクトル

a: 実あるいは複素ベクトル

この関数により、各周波数への係数が計算される。周波数は正規化されているので実周波数への変換を行う。サンプル周波数の1/2までを表示させる。

5-5　音響（おまけ）

Scilab で音をつくることもできる。wave ファイルに変換できるので音として聞くことができる。問題はデータが大きいことである。

　例：Sounds_sample.sce

6. Xcos

6-1　起動停止

Scilab5.3.3 を起動する。

　アプリケーションメニュー (A) から Xcos を選ぶか入力 --> Xcos
新しい2画面が表示される。パレットブラウザと Untitled（ブロック線図作成用）

終了は file メニューから Quit を選択するか Ctrl+Q.

6−2　ブロック線図の作成

(1) 要素ブロックの取り出し

パレットブラウザのホルダ一覧より個別のホルダを選択する。それぞれのパレットから要素ブロックをドラッグ＆ドロップで Untitle(edited) 画面に貼り付ける。スコープ（CSCOPE）だけでは表示されないので、サンプル時刻を決める CLOCK_c を組み合わせる必要がある。

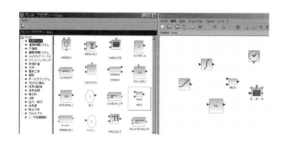

(2) 要素ブロックの接続

ブロックの出力部（▲）を左クリック、線が出たらドラッグし対応したブロックの入力部（▼）にドロップすると線が結ばれる。結線の取り消しはその線を右クリック、選択と同時にメニューが出てくるので cut を選択する。

ブロックを整列させるには、対象ブロックを選択（ポインタで領域あるいは CtrL＋左クリック）、選択ブロックが表示されたら右クリックし、表示されるメニューから Format を選びその中でブロックを整列を選び、さらに目的の並べ方を選ぶ。

信号線の整列をするには対象の線を右クリック、メニューから結合方法を選び、その中で水平／直線／垂直（これらは出る線の方向を示す）を選ぶ。

6－3　シミュレーション条件の設定と実行

(1) 実行と停止

　シミュレーションメニューより△開始を選択するかツールバーの△(実行)ボタンを押す。時間シミュレーションの結果はグラフィックウィンドウ画面に表示される。

　停止するにはツールバーの赤丸×●(停止)ボタンを押すかシミュレーションメニューより●停止を選択する。

(2) シミュレーション条件の設定

・実行時間

　シミュレーションメニューより□設定を選ぶと、パラメータ設定画面で表示される。その中で積分終了時間が 1.0E6(100000)（秒）になっている。この時間までシミュレーションが続く。適当な時間に変更して OK ボタンを押す。この時間がスコープの Refresh period(初期値は 30(秒))より長いとシミュレーション時間全体が一度に表示されない。

・サンプル間隔（CLOCK_c ブロック）

　CLOCK_c を右クリックし、表示メニューよりブロックパラメータを選んで、設定画面で Period（0.1）s Init time（0.1）s を変更し OK ボタンを押す。グラフの表示はサンプル点を結ぶだけなので、適切な時間にしないと、結果がおかしく見える。たとえば 1.0 を入れてみると例題では、正弦波に見えなくなる。Init time も 0 にしておく方がいい。

⑶ グラフ表示

　スコープブロックを右クリックして、メニューからブロックパラメータを選ぶ。表示されるスコープパラメータ設定画面より変更する。変更が必要となりやすいものは次のとおり。

・y 軸の最大（ymax）最小値（ymin）。

結果が予測できない時（パラメータを変更して実行する場合も）に y 軸の設定を大きめにしておく。

・refresh period この時間ごとにグラフは更新される。これがシミュレーション設定の積分時間より短いと、最後の結果だけ表示される。

グラフが描かれてからグラフ画面上で拡大縮小する時は、グラフウィンドウの押しボタンを使う。拡大は虫眼鏡（＋）を選択、拡大したい領域を右クリック　ドラッグすればいい。もとにもどすのは虫眼鏡（-）の選択。

⑷ ブロックの表示変更

　ブロックを右クリックして, 表示メニューから Format- 編集を選ぶ。名称は' テキスト設定' で記入する。ブロックの色は' 色を塗る' から変更できる。

6－4　モデルの保存と読み込み

⑴ 保存

　ファイルメニューから名前をつけて保存を選択する。保存先選定画面が現れるので、ホルダを選んで、ファイル名をつけて保存する。拡張子は .xcos が自動的に表示＆選択される。

⑵ 読み込み

　File メニューから Open を選択する。ファイル選択 GUI の表示にしたがって、モデルを選ぶ。

6－5　制御用モデルの作成

　2 次システムをもとに Xcos でブロック線図を作成する方法を説明する。

(1) 積分器を使う一般的な方法

　・要素

Source からステップ、Linear から積分、ゲインと加え合わせ点を持ってきた。

　・線の引き出し (分岐)/ ベクトル化

　分岐するには既にある線を右クリック、線が出てきたら接続先にドラッグする。スコープに入力信号と出力信号を同時に出すために Multiplexer（MUX_f）をつかう。ブロックは汎用ブロックに含まれる。入力点数は右クリックで選択しブロックパラメータを表示して設定する。

(2) パラメータの一括設定

　同じ係数を何度も使う場合、一括で設定すると便利で間違いが少なくなる。

　シミュレーションメニューよりコンテキスト設定を選ぶ。入力画面が出たら、変数名と数値を記述する。入力終了するには画面の OK ボタンを押す。Scilab のエディタで作成貼付した方がいい。

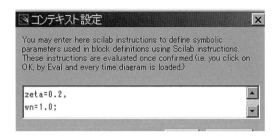

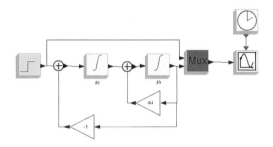

(3) 伝達関数と状態空間

積分器を使って作った部分を Linear パレットの連続系伝達関数（CLR）か連続系状態空間システム（CLSS）ブロックに置きかえればいい。

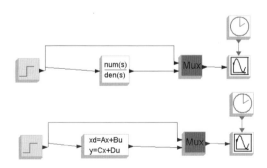

Open/set より伝達関数は分子分母に s の多項式をそのまま入れ、状態空間システムは A,B,C,D 行列を設定する。

6－6　既存モデルの結合

(1) モデルの取り込み

既にあるまとまったモデルを結合する場合はそのモデルファイルを開く。別画面が表示されるので、必要部分を選択してコピーしもとのモデル画面の編集メニューから貼り付けを選ぶ。

(2) 再配置

貼り付けた時に画面からはみ出ることもあるので View メニューより"表示領域にダイアグラムを合わせる"を選ぶ。

6－7　ベクトル値の出力と多段グラフ

複数の出力を一つにまとめるのは Mux ブロック。いくつかのグラフを一画面で表すためには CMScope を用いる。このブロックは出力 / 表示のパレットに入っている。グラフの数（段数）と次のパラメータ数が合っていないと設定が終了しない。

Input ports sizes: 各入力数

Ymin vectors/ Ymax vector: 縦軸の最大 / 最小値

Refresh period: 表示更新時間 (s)

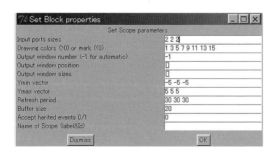

6-8 Xcoslab 4.3 モデルの利用

Xcoslab 4.3 で作成したモデルを Scilab5.3.3 の Xcos から開こうとすると、読み込み異常のメッセージとともに異常終了する。

エクスプローラで直接 Xcos ファイルを開くと、ほとんどの場合 Scilab5.3.3 上で Xcos ダイアグラムが表示されるので、それを新しく保存すればいい。中には対応ブロックがなく、実行できない（異常終了する）場合がある。その場合は Scilab3.3.3 上で修正をする。

7．電気回路（Modelica）モデル

実行前にコンパイルされるので C コンパイラが必要。

RCL 回路の例（Demo にあり）

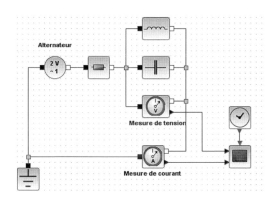

シミュレーションの実行ボタンを押すと、コンパイルされてから計算が始まる。

別の例としてオペアンプ回路を用いてアクティブフィルタを構成する。出力抵抗に加えコンデンサを入れてみる。

8. Matlab スクリプトの直接実行

　Matlab のプログラム（.m ファイル）は Scilab から直接実行できるものがある。

　Scilab コンソールのアプリケーションメニューより "Matlab から Scilab へ変換" を選択する。そうするとファイル選択画面　Matlab から Scilab への変換ツール画面が表示されるので、そこで対象とする m ファイルを選択する。自動で Scilab ファイルに変換される。変換後の scilab ファイルを保存するディレクトリに日本語が含まれていると変換されない。

　例題：ex1_sin.m, fft_matlab_demo.m

　ただし、入出力に関する命令語は変換されないことが多い。

9. Scilab から Xcos を制御する方法

9−1　Scilab から Xcos へ値を渡す

　コンテキストを指定する予約語 %Xcos_context を使う。"second order sys_parm.xcos" ではコンテキスト内は仮の値である。

if ~exists('zeta') then zeta=1;end

if ~exists('wn') then wn=0.5;end

Scilab プログラム"second order sys パラメータ設定 .sce" で 値を設定し、 %Xcos_context.zeta=0.2;, %Xcos_context.wn=3.0;

前述の xcos プログラムを実行している。

9−2　xcos 計算結果を Scilab で使う

　上級者向けに作成例のみ示す。

(1) global 変数を利用

フォルダ Controller_optimization の"パラメータ最適化 .sci"では
global 変数として定義した AA に"system_controlled.xcos"から結果
を書き込み、それを scilab で評価して PI 制御器のパラメータ a,b を
%Xcos_context 経由で xcos に渡している。

(2) 外部ファイル経由でデータを授受

フォルダ syslin の中の syslinsimexe_b.sce

「キャレットまでエコーあり」モードのみで正常に動作する。

10. Matlab から Simulink を制御する方法

Simulink モデルパラメータを変更して繰り返し実行する（自動実行）、
あるいは結果を評価してパラメータを変更する方法（最適化や学習）を
知っておくと非常に便利である。概念は Scilab と同様であるが、数値
の受け渡し方法が異なる。

・Matlab → Simulink へのデータ渡し：同じ変数名で記述

・実行：Sim('***.mdl')

・Simulink → Matlab へのデータ渡：WorkSpace 経由

Scope パラメータ設定の履歴で変数名を指定する

変数名 .signals().values()

プログラム例を示す。

\Matlab\Driver_model

Scope からワークスペースへの保存は次のブロック

Drv/driver/subsystem

11. Scilab 利用時の注意事項

　かなりメモリを使っているため、多数のタスクを同時に実行している
と動作不良になる。たとえば突然停止、終了する。一度異常終了すると、
再起動しないと正常にならないことがある。

　スタックの大きさを調べ stacksize、大規模なデータを扱う場合には
それを最大にしておく stacksize('max') ことは有効である。

【参考文献】

Web site から多くの情報が得られる．検索エンジンで"Scilab"と"知
りたい項目"を同時に探せばなにか出てくる。参考になりそうなリンク
先を示す。

(1) Scilab Help

Scilab コンソールのヘルプから接続可能

(2) Scilab ユーザーグループ in Japan

http://scilab.na-inet.jp/

(3)電気回路系（Modelica）

http://www.openeering.com/sites/default/files/Tutorial_Scilab_Xcos_

Modelica.pdf

８−４　燃焼室内の温度圧力変化（空気サイクル）の計算

８−４−１　空気の物理定数

空気の標準状態：20° C, 0.1013MPa

分子量 M:28.97, 定圧分子非熱 Cp:29.17 [kJ/kmol・K]

定容分子比熱 Cv:20.82 [kJ/kmol・K], ガス定数 R:287.1[J/kg・K]

$$比熱比　\kappa = \frac{Cp}{Cv} \cong 1.4006 \cong 1.4 \qquad\qquad\qquad\qquad (8.7)$$

これらは温度や圧力により変化しない

８−４−２　ガスの状態変化

質量 G についての一般式は圧力 P、体積 V、温度 T のもとで

$$PV = GRT \qquad\qquad\qquad\qquad (8.8)$$

両辺を微分して

$$PdV + VdP = RGdT + RTdG \qquad\qquad\qquad\qquad (8.9)$$

エネルギー式は

$$dQ = dU + PdV = GCvdT + CvTdG + PdV \qquad\qquad (8.10)$$

または

$$dQ = dI + VdP = GCpdT + CpTdG + VdP \qquad\qquad (8.11)$$

ここで $Cp=Cp/M:1.007[kJ/kg・K]$, $Cv= Cv/M:0.719[kJ/kg・K]$

I はエンタルピである。

始めの状態に添字 1、次の状態に添字 2 をつけることにする。漏れが

ない状態では $dG=0$ である。[1]

(1) 断熱変化の基本式の導出

断熱変化では $dQ=0$ であるので（8.10）式、（8.11）式は

$$GCvdT + PdV = 0 \quad\quad\quad \cdots\cdots\cdots\cdots\cdots\cdots\cdots (8.12)$$

$$GCpdT + VdP = 0 \quad\quad\quad \cdots\cdots\cdots\cdots\cdots\cdots\cdots (8.13)$$

これらより dT を消去すると

$$-\frac{Cp}{Cv}PdV + VdP = 0 \quad\quad\quad \cdots\cdots\cdots\cdots\cdots\cdots (8.14)$$

$$\kappa = \frac{Cp}{Cv} \text{ とおくと}$$

$$-\kappa PdV + VdP = 0 \quad\quad\quad \cdots\cdots\cdots\cdots\cdots\cdots (8.15)$$

両辺を PV で割り積分すると

$$logP + logV^{\kappa} = C \quad\quad C \text{ は任意定数}$$

$$P_2 V_2^{\kappa} = P_1 V_1^{\kappa} \text{ つまり } \frac{P_2}{P_1} = \left(\frac{V_1}{V_2}\right)^{\kappa} \quad\quad \cdots\cdots\cdots\cdots\cdots (8.16)$$

同様に

$$\frac{T_2}{T_1} = \left(\frac{V_1}{V_2}\right)^{\kappa-1} = \left(\frac{V_2}{V_1}\right)^{\frac{\kappa-1}{\kappa}} \quad\quad \cdots\cdots\cdots\cdots\cdots (8.17)$$

8－4－3　高膨張比サイクルを含む空気サイクルの熱効率の計算

1. オットーサイクル（Otto Cycle）

　圧縮 TDC において瞬間に受熱（燃焼による発熱）するものとする。圧縮 BDC での圧力を P_1、温度を T_1、容積を V_1 とする、圧縮 TDC での圧力を P_2、温度を T_2、容積を V_2 とする、圧縮比を $\varepsilon = \dfrac{V_1}{V_2}$ とする。

$$P_2 = \left(\frac{V_2}{V_1}\right)^{\kappa} P_1 = \varepsilon^{\kappa} P_1$$

$$T_2 = \left(\frac{V_2}{V_1}\right)^{\kappa-1} T_1 = \varepsilon^{\kappa-1} T_1$$

　容積一定で質量 m の空気が熱量 Q_i を受熱する、受熱後の温度を T_3、圧力を P_3 とする。

$$T_3 = \frac{Q_i}{C_v m} + T_2$$

$$P_3 = \frac{T_3}{T_2} P_2$$

この後膨張する、その時の初期値は P_3、T_3 である。
容積 V_3（$=V_2$）から V_4（$=V_1$）に膨張すると、圧力 P_4 と温度 T_4 は

$$P_4 = \left(\frac{V_2}{V_1}\right)^{\kappa} P_3 = \left(\frac{1}{\varepsilon}\right)^{\kappa} P_3 = \varepsilon^{-\kappa} P_3$$

$$T_4 = \left(\frac{V_2}{V_1}\right)^{\kappa-1} T_3 = \varepsilon^{1-\kappa} T_3 = \varepsilon^{1-\kappa}\left(T_2 + \frac{Q_i}{C_v m}\right) = \varepsilon^{1-\kappa}\left(\varepsilon^{\kappa-1} T_1 + \frac{Q_i}{C_v m}\right) = T_1 + \varepsilon^{1-\kappa}\frac{Q_i}{C_v m}$$

$$T_4 = \left(\frac{V_2}{V_1}\right)^{\kappa-1} T_3 = \varepsilon^{1-\kappa} T_3 = \varepsilon^{1-\kappa}\left(T_2 + \frac{Q_i}{C_v m}\right) = \varepsilon^{1-\kappa}\left(\varepsilon^{\kappa-1} T_1 + \frac{Q_i}{C_v m}\right)\left(\frac{\varepsilon}{\varepsilon_e}\right) T_1 + \varepsilon^{1-\kappa}\frac{Q_i}{C_v m}$$

この温度から初期温度に戻る時に熱量（エネルギー）を放出すると考え

て、機械仕事になったエネルギーを求める。

放出熱量を Q_o とすると、低容での放出熱量（負の加熱）量

$$T_4 = T_1 + \frac{Q_o}{C_v m}, Q_o = C_v m(T_4 - T_1)$$

$$T_4 = \varepsilon^{1-\kappa} T_3 = \varepsilon^{1-\kappa}\left(\frac{Q_i}{C_v m} + T_2\right) = \varepsilon^{1-\kappa}\left(\frac{Q_i}{C_v m} + \varepsilon^{\kappa-1} T_1\right)$$

$$T_4 - T_1 = \varepsilon^{1-\kappa}\frac{Q_i}{C_v m} = \frac{Q_o}{C_v m}, Q_o = \varepsilon^{1-\kappa} Q_i$$

$$Q_o = \varepsilon^{1-\kappa} Q_i - \left[1 - \left(\frac{\varepsilon}{\varepsilon_e}\right)^{1-\kappa}\right] T_1 C_v m$$

効率は $\eta = \dfrac{Q_i - Q_o}{Q_i} = \dfrac{Q_i - \varepsilon^{1-\kappa} Q_i}{Q_i} = 1 - \varepsilon^{1-\kappa}$

$$\frac{T_1 C_v m}{Q_i} = \frac{T_1 C_v m}{\frac{m}{14.7}Q_f} = \frac{T_1 14.7 C_v}{Q_f} = \frac{14.7 \times 0.719}{44.4 \times 10^3} T_1 = 0.238 T_1 \times 10^{-3}$$

$T_1 = 293$ ならこの値は 0.697

$\dfrac{\varepsilon}{\varepsilon_c} = 2$ の時 $1 - \left(\dfrac{\varepsilon}{\varepsilon_c}\right)^{1-\kappa}$ は -0.242 であるので効率改善は 0.0169 である。

2. ディーゼルサイクル (Diesel Cycle)

圧縮 TDC から圧力一定で受熱（燃焼による発熱）するものとする。
圧縮 BDC での圧力を P_1、温度を T_1、容積を V_1 とする、圧縮 TDC での
圧力を P_2、温度を T_2、容積を V_2 とする、圧縮比を $\varepsilon = \dfrac{V_1}{V_2}$ とする。

$$T_3 = \frac{Q_i}{C_p m} + T_2$$

$$V_3 = \frac{T_3}{T_2} V_2$$

容積 V_3 以降は発熱をともなわず膨張する。オットーサイクルと最初の容積が異なる。この容積を用いた容積比 ρ （締め切り比または等圧膨張比 : cutoff ratio）は

$$\rho = \frac{V_3}{V_2} = \frac{T_3}{T_2}$$

$$\rho = \frac{T_3}{T_2} = 1 + \frac{Q_i}{\varepsilon^{\kappa-1} T_1 C_p m} = 1 + \frac{Q_i}{T_1 C_p m} \varepsilon^{1-\kappa}$$

$T_1 = 300°K, C_p = 1.0$、$m = 1.2 \times 10^{-3} kg$とすると分子は 0.36

Q は最大でも 3.6/1.3、$\varepsilon = 1.4$ では $\varepsilon^{1-\kappa}$ は 2.9、$1 + \frac{Q_i}{T_1 C_p m} \varepsilon^{1-\kappa}$ は最大 3.7

$$P_4 = \left(\frac{V_3}{V_1}\right)^\kappa P_3 = \left(\frac{V_3}{V_2}\frac{V_2}{V_1}\right)^\kappa P_3 = \left(\rho \frac{1}{\varepsilon}\right)^\kappa P_3 = P^\kappa \varepsilon^{-\kappa} P_3$$

$$T_4 = \left(\frac{V_3}{V_2}\right)^{\kappa-1} T_3 = \left(\frac{V_3}{V_2}\frac{V_2}{V_1}\right)^{\kappa-1} T_3 = \left(\rho \frac{1}{\varepsilon}\right)^{\kappa-1}$$

$$T_3 = \rho^{\kappa-1} \varepsilon^{1-\kappa} T_3 = \rho^{\kappa-1} \varepsilon^{1-\kappa} \left(\frac{Q_i}{C_p m} + T_2\right) = \rho^{\kappa-1} \varepsilon^{1-\kappa} \left(\frac{Q_i}{C_p m} + \varepsilon^{\kappa-1} T_1\right) = \rho^{\kappa-1} \varepsilon^{1-\kappa} \frac{Q_i}{C_p m} + \rho^{\kappa-1} T_1$$

放出熱量は

$$Q_o = C_v m (T_4 - T_1)$$

$$\eta = \frac{Q_i - Q_o}{Q_i} = 1 - \frac{C_v m (T_4 - T_1)}{C_p m (T_3 - T_2)} = 1 - \frac{\left(\left(\rho \frac{1}{\varepsilon}\right)^{\kappa-1} T_3 - T_1\right)}{\kappa (T_3 - T_2)}$$

$$= 1 - \frac{\left(\left(\rho \frac{1}{\varepsilon}\right)^{\kappa-1} \rho T_2 - T_1\right)}{\kappa (\rho T_2 - T_2)} = 1 - \frac{\left(\left(\rho \frac{1}{\varepsilon}\right)^{\kappa-1} \rho^{\kappa-1} T_1 - T_1\right)}{\kappa (\rho - 1) \varepsilon^{\kappa-1} T_1} = 1 - \frac{\left(\left(\rho \frac{1}{\varepsilon}\right)^{\kappa-1} \rho \varepsilon^{\kappa-1} - 1\right)}{\kappa (\rho - 1) \varepsilon^{\kappa-1}}$$

$$= 1 - \frac{\left(\left(\rho \frac{1}{\varepsilon}\right)^{\kappa-1} \rho \varepsilon^{\kappa-1} - 1\right)}{\kappa (\rho - 1) \varepsilon^{\kappa-1}} = 1 - \frac{(\rho^\kappa - 1)}{\kappa (\rho - 1) \varepsilon^{\kappa-1}} = 1 - \frac{1 (\rho^\kappa - 1)}{\varepsilon^{\kappa-1} \kappa (\rho - 1)}$$

空気の場合で $\kappa = \dfrac{Cp}{Cv} \cong 1.4006 \cong 1.4$ ある。

オットーサイクルの理論熱効率の損失割合に次の係数をかけたものとなっている。

$$\frac{(\rho^{\kappa}-1)}{\kappa(\rho-1)}$$

3. 数値計算例

初期温度と圧力が T1=293[K]、P1=100k[Pa]（1気圧）である。

燃焼室容積が V_1=1.111 × 10^{-3}[m³]、V_2=0.1111 × 10^{-3}[m³] である時

圧縮比は $\varepsilon = \dfrac{1.111}{0.1111} = 10$

加える燃料量を 0.08163 × 10^{-3}kg とする。この発熱量 Q_i は燃料発熱量を 44.5[MJ/kg] として 3.632[kJ] であるとする。

圧縮 TDC の温度 T_2、圧力 P_2 は

$$T_2 = 10^{1.4-1} \, 293 \cong 736.0$$

$$P_2 = 10^{1.4} \, 0.1 = 2.512 \, [MPa]$$

3−1 オットーサイクル

TDC で Q_i を受熱する。

温度 T_3 圧力 P_3 を求める。

$$T_3 = \frac{Q_i}{C_v m} + T_2 = \frac{3.633}{0.719 \times 1.0 \times 10^{-3}} + T_2 \cong 5789$$

$$P_3 = \frac{T_3}{T_2} P_2 \cong 19.76 \, [MPa]$$

$$P_4 = \left(\frac{V_2}{V_1}\right)^{\kappa} P_3 = \varepsilon^{-\kappa} P_3 \cong 0.7865 \, [MPa]$$

$$T_4 = \left(\frac{V_2}{V_1}\right)^{\kappa-1} T_3 = \varepsilon^{1-\kappa} T_3 \cong 2305\,[K]$$

放出熱量　$Q_o = C_v m\,(T_4 - T_1) \cong 1.446\,[kj]$

効率　$\eta = \dfrac{Q_i - Q_o}{Q_i} \cong 0.6019$

Maxima による記述

```
/* 空気比熱比 */
k:1.4;
/* 初期値　*/
v1:1.111*10^(-3);v2:0.1111*10^(-3);
P1:0.1*10^6;T1:293;Qi:3.633/2;/* kJ */
Cv:0.719;m:1.2/2/1000;
Qf:44.4*10^3*m/14.7; /* kJ */
/* 圧縮比 */
epsiron:v1/v2;
/* 圧力,温度 */
P2:(epsiron/2)^k*P1;
T2: (epsiron/2)^(k-1)*T1;
T3:Qi/(Cv*m)+T2; P3:T3/T2*P2;
P4: epsiron^(-k)*P3;
T4: epsiron^(1-k)*T3;
Qo:Cv* m*(T4-T1);
Eta:(Qi-Qo)/Qi;
Eta_eq:1- epsiron^(1-k);
```

8−5 燃料、空燃比と発熱量

8−5−1 燃料の特性指標

　内燃機関は燃焼室内のみで発熱と仕事（膨張）が完結し、作動気体が空気で搭載しなくていい（蒸気機関車は水を搭載）ため、同一出力で容積が小さい。しかし、機械仕事への高い変換効率を達成するためには、TDC 直後に短時間で燃焼することが求められる。また高速運転できることも必要である。

　そして混合気が圧縮された行程の温度上昇で自着火しない（ガソリンエンジン、火花点火）、圧縮された空気の温度に燃料を噴射すると着火する（ディーゼルエンジン、圧縮着火）着火方式の要求にかなう特性を表す指標が必要である。

(1) オクタン価

　耐ノック性を表す。非常にノッキングを発生しにくいイソオクタン（Iso-octane）を 100 とし、非常にノッキングを発生しやすい n ヘプタン（n-heptane）を 0 とする。オクタン価の計測は単筒可変圧縮比エンジン CFR（Corporative Fuel Research）で行い、運転条件には RON（Research Octane Number）と MON（Motor Octane Number）がある。

RON: 600rpm, 吸気温度 38°C

MON: 900rpm, 吸気温度 149°C

JIS 規格ではハイオク（プレミアム）ガソリンのオクタン価は 96.0 以上、レギュラーガソリンのオクタン価は 89.0 以上と規定されている、DIN では 95/85

(2)燃料の気化特性（Fuel volatility）

　ガソリンにはエンジンが冷えた状態で始動でき、高温環境の運転で Vapor lock を起こさない範囲で気化する特性が必要である。

(3)セタン価（CN: Cetane number）

　燃料の着火性（着火遅れ）を示す指数である。非常に着火しやすい n-hexadecane（cetane）をセタン価 100 とし、着火が非常に遅い a-methyl naphthalene をセタン価 0 とする。

　セタン価の下限は 51（DIN）

8-5-2　燃焼反応と空燃比

　空燃比（Air fuel ratio）は燃焼室内の空気質量と燃料質量の比率である。

　理論空燃比は燃焼した後で燃料も空気中の酸素もなくなる空気質量と燃料質量の比率である。

1. 定義式

$$\text{理論空燃比} = \frac{\text{空気質量（反応に必要な）}}{\text{燃料質量}}$$

2. 計算方法の例

　エタノール（Ethanol）　C_2H_5OH

　エタノールの組成は C_2H_5OH、原子量は O：16、C：12、H：1、酸素の空気中の含有量（質量）は 23% である。

▷燃焼反応式

$$C_2H_5OH + 3O_2 \rightarrow 2CO_2 + 3H_2O$$

必要な O_2 は 3.5 であるがエタノール内部に O（$0.5O_2$）をもつため $3O_2$ 供給

▷エタノールの原子量と供給する酸素の原子量の比率

C_2H_5OH：$12 \times 2 + 1 \times 5 + 16 \times 1 + 1 \times 1 = 46$

$3O_2$：$3 \times 2 \times 16 = 96$

▷必要な酸素量を空気質量に換算してエタノールの質量を割ると空燃比が計算できる。

$$\text{理論空燃比} = \frac{\text{必要な空気質量}}{\text{エタノール質量}} = \frac{\dfrac{\text{必要な空気質量}}{0.23}}{\text{エタノール質量}} = \frac{\dfrac{96}{0.23}}{46} \cong 9.07$$

8−5−3　発熱量の計算

炭素（C）、水素（H）1kg が完全燃焼した時のそれぞれの発熱量は 33.9MJ、121.2MJ である。

ガソリンに C、H 組成が近いオクタン（Octane, C_8H_{18}）1.0kg が完全に燃焼した時の発熱量を求める。ガソリンの CH 組成は $CH_{1.9}$ に近い[*]。

▷化学反応式

$$C_8H_{18} + 12.5O_2 \rightarrow 8CO_2 + 9H_2O$$

▷燃料中の C と H の質量比を求める

C_8H_{18}：$12 \times 8 + 1 \times 18 = 114$

C_8、H_{18} の質量比はそれぞれ、$\dfrac{12 \times 8}{114}$ 、$\dfrac{1 \times 18}{114}$ となり

小数で表すと 0.84 と 0.16 である。

▷炭化水素の発熱量 H_u は次の式である

$H_u = Q_{CO2} \times$ C の質量比 $+ Q_{H2v} \times$ H の質量比

$= 33.9 \times 0.84 + 121.2 \times 0.16 = 47.87$ [MJ]

Q_{CO2}：炭素（C）の発熱量 33.9MJ/kg,

Q_{H2v}：水素（H）の発熱量（水が気体状態）121.2MJ/kg

＊燃料の CH 組成（参考）

メタン（CH_4）、エタン（C_2H_3）、プロパン（C_3H_8）、ブタン（C_4H_{10}）、ペンタン（C_5H12_4）、ヘキサン（C_6H_{14}）、ヘプタン（C_7H_{16}）、オクタン（C_8H_{18}）、ノナン（C_9H_{20}）

8−6　スロットルから燃焼室への空気輸送

　スロットル通過質量流量を m_{th}、スロットル上流圧を P_a、吸気マニフォルド圧を P_m、流量係数を α、スロットル開口面積を A_{th}、空気密度を ρ、吸気マニフォルド内の空気質量を m_m、燃焼室への質量流量を m_{cy}、ガス定数を R、吸気マニフォルド温度を T_m、吸気マニフォルド容積を V_m、BDC での燃焼室容積を V_c とする。

$$m_m = \int (m_{th} - m_{cy}) dt \qquad \cdots\cdots\cdots\cdots\cdots\cdots\cdots\cdots\cdots (8.18)$$

または

$$m_m = m_{th} - m_{cy} \qquad \cdots\cdots\cdots\cdots\cdots\cdots\cdots\cdots\cdots (8.18)'$$

　1 サイクルあたり燃焼室に流入する空気質量はマニフォルド内空気質量に比例する。これは V_m の空気が $V_m + V_c$ に広がりそのうち V_c だけ入ると仮定することによる。

$$m_{cy} = \frac{V_c}{V_m + V_c} m_m \qquad \cdots\cdots\cdots\cdots\cdots\cdots\cdots\cdots\cdots (8.19)$$

　1 秒あたりの空気質量流量は 1 秒あたりのサイクル数 $\dfrac{1}{2}\dfrac{\omega_e}{2\pi}$ をかけて

$$m_c = \frac{\omega_e}{4\pi} \frac{V_c}{V_m + V_c} m_m = K m_m \qquad \cdots\cdots\cdots\cdots\cdots\cdots\cdots\cdots\cdots (8.20)$$

ここで ω_e エンジン角速度、

$$K = \frac{\omega_e}{4\pi} \frac{V_c}{V_m + V_c} \qquad \cdots\cdots\cdots\cdots\cdots\cdots\cdots\cdots\cdots \text{(8.21)}$$

である。

(8.21)式を (8.18)′式に代入すると

$$
\begin{aligned}
m_m &= m_{th} - K m_m \\
K m_m + m_m &= m_{th}
\end{aligned}
\qquad \cdots\cdots\cdots\cdots\cdots\cdots\cdots\cdots\cdots \text{(8.22)}
$$

(8.6.5)式をラプラス変換すると

$$
\begin{aligned}
(K+s) M_m &= s M_{th} \\
M_m &= \frac{1}{K+s} s M_{th}
\end{aligned}
\qquad \cdots\cdots\cdots\cdots\cdots\cdots\cdots\cdots \text{(8.23)}
$$

ここで sM_{th} はスロットルを通過する空気質量流量である。

これを (8.6.3)式に代入すると

$$
\begin{aligned}
s M_{cy} &= K M_m = \frac{K}{K+s} s M_{th} = \frac{1}{1+\frac{1}{K}s} s M_{th} \\
m_{cy} &= \frac{1}{1+\frac{1}{K}s} m_{th}
\end{aligned}
\qquad \cdots\cdots\cdots\cdots\cdots\cdots\cdots \text{(8.24)}
$$

となり、燃焼室に入る空気質量流量はスロットル通過空気質量流量の一次遅れであることが示される。

この時定数は

$$\frac{1}{K} = \frac{4\pi}{\omega_e} \frac{V_c + V_m}{V_c} = \frac{4\pi}{\omega_e} \left(1 + \frac{V_m}{V_c}\right) \quad \cdots\cdots\cdots\cdots\cdots\cdots\cdots\cdots\cdots\cdots \quad (8.25)$$

である。

参考文献

第 1 章
〔1〕ロバート・ボッシュ GmbH, ボッシュ自動車ハンドブック 日本語第 4 版（10th Edition 対応）2019
〔2〕Robert Bosch GmbH, Bosch Automotive Handbook, 10th Edition, 2018
〔3〕技術戦略研究センターレポート TSC Foresight Vol. 5 車載用蓄電池分野の 技術戦略策定に向けて、国立研究開発法人 新エネルギー・産業技術総合開発機構 技術戦略研究センター（TSC）、2015
〔4〕MIT Electric Vehicle Team, Electric Powertrains, 2008

第 2 章
〔1〕村山 正、常本 秀幸、小川英之、エンジン工学 内燃機関の基礎と応用、東京電機大学出版局、2020
〔2〕上田信司、森幸雄、岩成栄二、小熊義智、箕浦陽介、ガソリン直噴システム用新インジェクタの開発、デンソーテクニカルレビュー Vol. 5 No. 1 , 2000
〔3〕Xiao Yu, Hua Zhu, Ming Zheng, Liguang Li, Electrical Waveform Measurement of Spark Energy and Its Effect on Lean Burn SI Engine Combustion, SAE2019-01-2159, 2019
〔4〕Danno, Y., Togai, K., Fukui, T., and Shimada, M., Powertrain Control by DBW System - Strategy and Modeling, SAE Technical Paper 890760, 1989
〔5〕Togai, K. and Fujinaga, N., A reduced order turbocharging process model for manifold pressure control with EGR, SAE Technical Paper 2019-01-2212, 2019
〔6〕ターボ機械協会編：ターボチャージャー、ターボ機械−入門編−（新改訂版）、日本工業出版、p.185-194, 2005
〔7〕HIH Saravanamutoo, GFC Rogers, H Cohen, PV Straznicky, 遠心圧縮機、ガスタービンの基礎と応用、p.197-210, 東海大学出版会、2012
〔8〕自動車技術ハンドブック 第 1 分冊 基礎・理論編、自動車技術会、2016
〔9〕Tatsuki Igarashi, Yusuke Adachi, Ichiro Tsumagari, Shinya Sato, Atsushi Yaeo, Akihiro Nakayama , Research on a DPF Regeneration Burner System for Use when Engine is not in Operation, SAE2019-01-2237, 2019

第 3 章
〔1〕T. A. Burress, Evaluation of the 2010 Toyota Prius Hybrid synergy Drive system, Oak Ridge National Laboratory, 2011

〔2〕髙木 茂行、長浜 竜、これでなっとく　パワーエレクトロニクス、コロナ社、2017

第4章
〔1〕平山 琢、横川 幸生、藤本 靖司、2018 Gold Wing用7速DCTの開発、Honda R&D Technical Review　Vol.30 No.2, 2018
〔2〕Honda, Motorcycle Technology, デュアル・クラッチ・トランスミッションの概要、https://www.honda.co.jp/tech/motor/item-dct/
〔3〕Toshihiro Saito, Koji Miyamoto, Traction drive analysis identified with rheological friction property of traction fluid, International Conference on Gears 2017, 2017
〔4〕安井裕司、ベンチマーク問題2：ハイブリッドパワートレインを用いた通勤車両の燃費 最適化問題、pp45 – pp47、計測と制御 第58巻 第1号、2019

第5章
〔1〕国土交通省、自動車燃費一覧（令和3年3月）1.用語の解説等、https://www.mlit.go.jp/jidosha/content/001396938.pdf, 2021
〔2〕国土交通省、車載式故障診断装置を活用した自動車検査手法のあり方について（最終報告書）、2019
〔3〕Pierre Duysinx, (2012), Performance of vehicles, Research Center in Sustainable Automotive Technologies of University of Liege
〔4〕T. A. Burress, Evaluation of the 2010 Toyota Prius Hybrid synergy Drive system, Oak Ridge National Laboratory, 2011

第6章
〔1〕特許庁「平成25年度特許出願技術動向調査報告害（概要）自動運転自動車」CHARLES C. MACADAM, Understanding and Modeling the Human Driver, Vehicle System Dynamics, 2003, Vol. 40, Nos. 1–3, pp. 101–134
〔2〕G.N. Ornstein, The Automatic Analog Determination of Human Transfer Function Coefficients. Med. Electron. Bio. Eng. 1 (3), 1963
〔3〕C.C. Macadam, Understanding and Modeling the Human Driver, Vehicle System Dynamics, C.C. Macadam, Taylor & Francis, 2003
〔4〕I. Kageyama, Construction of driver model for analyzing driver behavior, JSAE20075284, 2007
〔5〕I. Kageyama, Construction of driver model for analyzing driver behavior,

JSAE20075284, 2007

〔6〕 H. Tamaki, K. Togai, Driving Agent Model for Driver Assistance and MBD Part 1– Concept Design of Skill Learning Process -, AVEC' 12, 2012

〔7〕 C. Miyajima, Y. Nishiwaki, K. Ozawa, et al., Driver Modeling Based on Driving Behavior and Its Evaluation in Driver Identification, Proceedings of the IEEE, Vol.95 (2) 427 - 437(2), 2007

〔8〕 P. Carlo Cacciabue (Editor), Modelling Driver Behavior in Automotive Environments: Critical Issues in Driver Interactions with Intelligent Transport Systems, Springer, 2007

〔9〕 K. Togai, H. Tamaki, Emission test cycle driving agent and expertise in driving behavior, Review of automotive Engineering JSAE, pp. 387 – p391, Vol. 29, No. 3, 2008

〔10〕 松本卓也、稲元 勉、玉置 久、栂井一英、目標速度追従運転における熟練度の異なる運転者を表現可能な運転者モデルシステム制御情報学会論文誌、Vol. 27, No. 9, pp. 364–373, 2014

〔11〕 谷田公二、木立純一、高見信太郎、水上 聡、日野栄一、人基準のクルマ作りへ向けたテストドライバの役割—TP 理論による解説と伝承としての科学的見方、自動車技術、Vol.70 No.3, pp. 66–73, 2016

〔12〕 S. Arimoto, S. Kawamura, Bettering operation of robotics, Journal of Robotic system, Vol. 1-(2), pp. 123-140, 1984

〔13〕 K. Togai, A. Ohno, H. Tamaki, Driving Skill Learning Process Model and Application to Raising Skill Level, the 14th International Symposium on Advanced Vehicle Control, AVEC'18, 2018

〔14〕 J. Derek Smith, Gear Noise and Vibration, Marcel Dekker, Inc. 1999

〔15〕 Kazuhide Togai, Michael Platten, Input torque shaping for driveline NVH improvement and torque profile approximation problem with combustion pressure, FISITA F2012-J02-009, 2012

第 7 章

〔1〕 Florian Winke, Michael Bargende, Dynamic simulation of urban hybrid electric vehicles, MTZ worldwide, 9/2013, 2013

〔2〕 Ehsan Ghasemimoghadam, Kazuhide Togai, Hisashi Tamaki, Designing an Efficient EM Controller with High Practicability - Improved Control Solutions, 2018 IEEE International Conference on Systems, Man, and Cybernetics, 2018

〔3〕 安井裕司、ベンチマーク問題 2: ハイブリッドパワートレインを用いた通勤車両

の燃費最適化、計測と制御、第 58 巻　1 号、2019
〔4〕安井裕司、ハイブリッドパワートレインを用いた通勤車両の燃費最適化 - ベンチマーク問題 2、自動車技術会 & 計測自動制御学会　自動車制御とモデル研究専門委員会、2011　https://www.idaj.co.jp/icsc/2011/conference07/pdf/gt_11.pdf

第 8 章
〔1〕古濱 庄一、内燃機関編集委員会、内燃機関、東京電機大学出版局、2011

索引

数字

A

B

C

D

E

F

G

H

I

J

K

L

M

N

O

P

R

著者紹介

栂井 一英 (とがい かずひで)

大阪産業大学　工学部交通機械工学科　教授 (2014 -) パワートレインシステム研究室

神戸大学大学院システム情報学研究科博士後期課程修了（博士（工学））
1979 年　住友軽金属工業株式会社
1982 年　日立造船株式会社
1987 年　三菱自動車工業株式会社

パワートレインの研究開発に従事、主な研究対象は DI ガソリンエンジン、CDI ディーゼルエンジン、CVT、DCT、パワートレイン NVH、人間を含むパワートレインのモデルと制御である。

所属学会は、計測自動制御学会、SAE International、自動車技術会。

パワートレインは人間が運転するものであり、たとえ自動化されても加速度や振動により動作が直接感知される。第 5 章から 7 章はこの観点からこれまでの共同研究の成果を含めた。運転者の挙動とそのモデルは玉置教授（神戸大学大学院システム情報学研究科）、パワートレイン統合制御は Dr. Schinkel（Daimler AG）、振動騒音抑制は Dr. Platten（Romax Technology）との研究である。

●ISBN 978-4-904774-71-7

群馬大学　石川　赴夫　著

設計技術シリーズ

―省電力を実現する―
小型モータの原理と駆動制御

発行／科学情報出版（株）

●ISBN 978-4-904774-76-2

月刊 EMC 編集部　編集

設計技術シリーズ

車載機器のEMC技術

－低ノイズ・省エネルギーの実現方法－

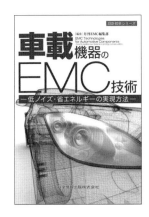

発行／科学情報出版（株）

●ISBN 978-4-904774-61-8

静岡大学　浅井　秀樹　監修

設計技術シリーズ

新／回路レベルのEMC設計
－ノイズ対策を実践－

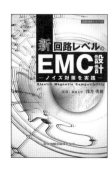

発行／科学情報出版（株）

●ISBN 978-4-904774-53-3

長崎大学　樋口　剛　㈱安川電機　宮本 恭祐
　　　　　阿部 貴志　　　　　　　大戸 基道　著
　　　　　横井 裕一

設計技術シリーズ

交流モータの原理と設計法
―永久磁石モータから定数可変モータまで―

発行／科学情報出版（株）

●ISBN 978-4-904774-95-3　　（国研）産業技術総合研究所　田中 保宣　監修

設計技術シリーズ

次世代パワー半導体デバイス・実装技術の基礎
—Siから新材料への新展開—

発行／科学情報出版（株）

●ISBN 978-4-904774-93-9

工学院大学　赤城 文子　著

設計技術シリーズ

モータ設計のための磁性材料技術
―ネオジム磁石やアモルファス材料などの活用法―

発行／科学情報出版（株）

設計技術シリーズ

自動車パワートレインの制御技術
－動力源、電動化と自動運転への応用も－

2021年5月25日　初版発行

著　者　　栂井 一英　　　　　　　　　　　　　　　©2021

発行者　　松塚 晃医
発行所　　科学情報出版株式会社
　　　　　〒300-2622　茨城県つくば市要443-14 研究学園
　　　　　電話　029-877-0022
　　　　　http://www.it-book.co.jp/

ISBN 978-4-904774-97-7　C2053